纺织服装高等教育“十四五”部委级规划教材
东北师范大学精品教材建设项目（项目编号：21DSJC009）

服装面料创意设计

郭琦　修晓倜　葛敬　著

東華大學出版社
·上海·

图书在版编目（CIP）数据

服装面料创意设计 / 郭琦，修晓倜，葛敬著 . -- 上海：东华大学出版社，2022.6

高等教育教材

ISBN 978-7-5669-2068-3

Ⅰ . ①服… Ⅱ . ①郭… ②修… ③葛… Ⅲ . ①服装面料—服装设计—高等学校—教材 Ⅳ . ① TS941.41

中国版本图书馆 CIP 数据核字（2022）第 086235 号

策划编辑：马文娟
责任编辑：杜燕峰
装帧设计：上海程远文化传播有限公司

服装面料创意设计

FUZHUANG MIANLIAO CHUANGYI SHEJI

著：郭琦　修晓倜　葛敬
出版：东华大学出版社（上海市延安西路1882号，邮政编码：200051）
本社网址：http://dhupress.dhu.edu.cn
天猫旗舰店：http://dhdx.tmall.com
营销中心：021-62373056
印刷：上海盛通时代印刷有限公司
开本：889mm × 1194mm　1/16
印张：11
字数：300千字
版次：2022年6月第1版
印次：2022年6月第1次
书号：ISBN 978-7-5669-2068-3
定价：68.00元

总　序

近年来国内许多高等院校开设了服装设计专业，有些倾向于理科的材料学，有些则偏重于文科的设计学，每年都有很多年轻的设计者走向梦想中的设计师岗位。但是随着服装行业产业结构的调整和不断转型升级，服装设计师需要面对更加苛刻的要求，良好的专业素养、竞争意识、对市场潮流的把握、对时代的敏感性等都是当代服装设计师不可或缺的素质，自身的不断发展与完善更是当代服装设计师的必备条件之一。

提高服装设计师的素质不仅在于服装产业的带动，更在于服装设计的教育体制与教育方法的变革。学校教育如何适应现状并作出相应调整 , 体现与时俱进、注重实效的原则，满足服装产业创新型的专业人才需求，也是中国服装教育面临的挑战。

本丛书的撰写团队结合传统的教学大纲和课程结构，把握时下流行服饰特点与趋势，吸纳了国际上有益的教学内容与方法，将多年丰富的教学经验和科研成果以通俗易懂的方式展现出来。丛书既注重专业基础理论的系统性与规范性，又注重专业教学的多样性和可行性，通过大量的图片进行直观细致地分析，结合详尽的步骤讲述，提炼了需要掌握的要点和重点，力求可以让读者轻松掌握技巧、理解相关内容。丛书既可以作为服装院校学生的教材，也可以作为服装设计从业人士的参考用书。

前　言

服装行业发展快速、瞬息万变，过于追求服装款式结构的时代已经过去，市场上普通单体面料已不能充分表现服装的个性化审美要求，面料创意设计正是迎合了时代的需要，为服装增添了新的魅力和个性。服装面料创意设计的过程，彰显了设计师对时尚的理解和认识，更丰富地表达了设计师的设计理念与思想。

本书适用于服装设计专业的师生和从事服装设计的设计师，考虑如何通过各种结构设计来体现面料的立体肌理效果及在服装设计中的应用表现。书中阐述了服装面料创意的概念，详细地介绍了服装面料创意的制作方法和技巧。通过大量的教学实践图片，同时配合优秀设计师的作品范例，给学习者直观演示，希望这些作品能带给读者灵感，使读者能从本书中获得一些收益。

编者

目 录

服装面料
创意设计的概况

第一章
Chapter 1

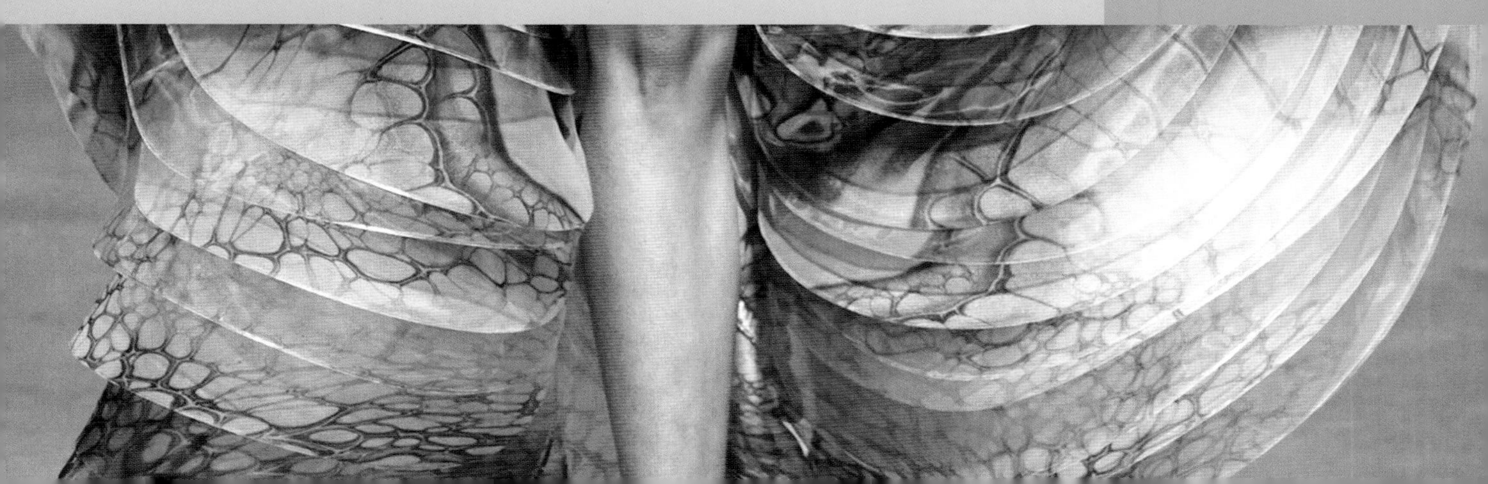

随着人们多元化的审美需求以及审美能力的提高，在选购服装时，对服装面料的要求也产生了变化，而面料创意设计可以作为提高服装创意性的方法之一，达到吸引消费者的目的。

通过面料创意设计，可以赋予服装新的生命力，激发设计师的创作灵感，同时丰富服装的整体效果，有效扩大消费者的购买欲望。在现代服装设计领域，面料创意设计已经成为服装生产中重要的设计方式之一。

第一节 服装面料创意设计的概念

服装面料创意设计就是对现有的面料进行二次设计加工，即在了解面料特性的基础上，运用新的设计思路和工艺将原有面料进行装饰、重组、再造来改变面料外观的形态，从而提高面料的品质和艺术效果（图1-1）。

面料创意设计的手法分为两种，一种是对面料本身进行破坏，比如剪切、抽纱、印染等，另一种是借助工具和材料对面料进行装饰，比如刺绣、绗缝、贴花等，这两种手法都改变了面料的表面肌理，使其在原本单调的基础上产生了多种多样的变化。

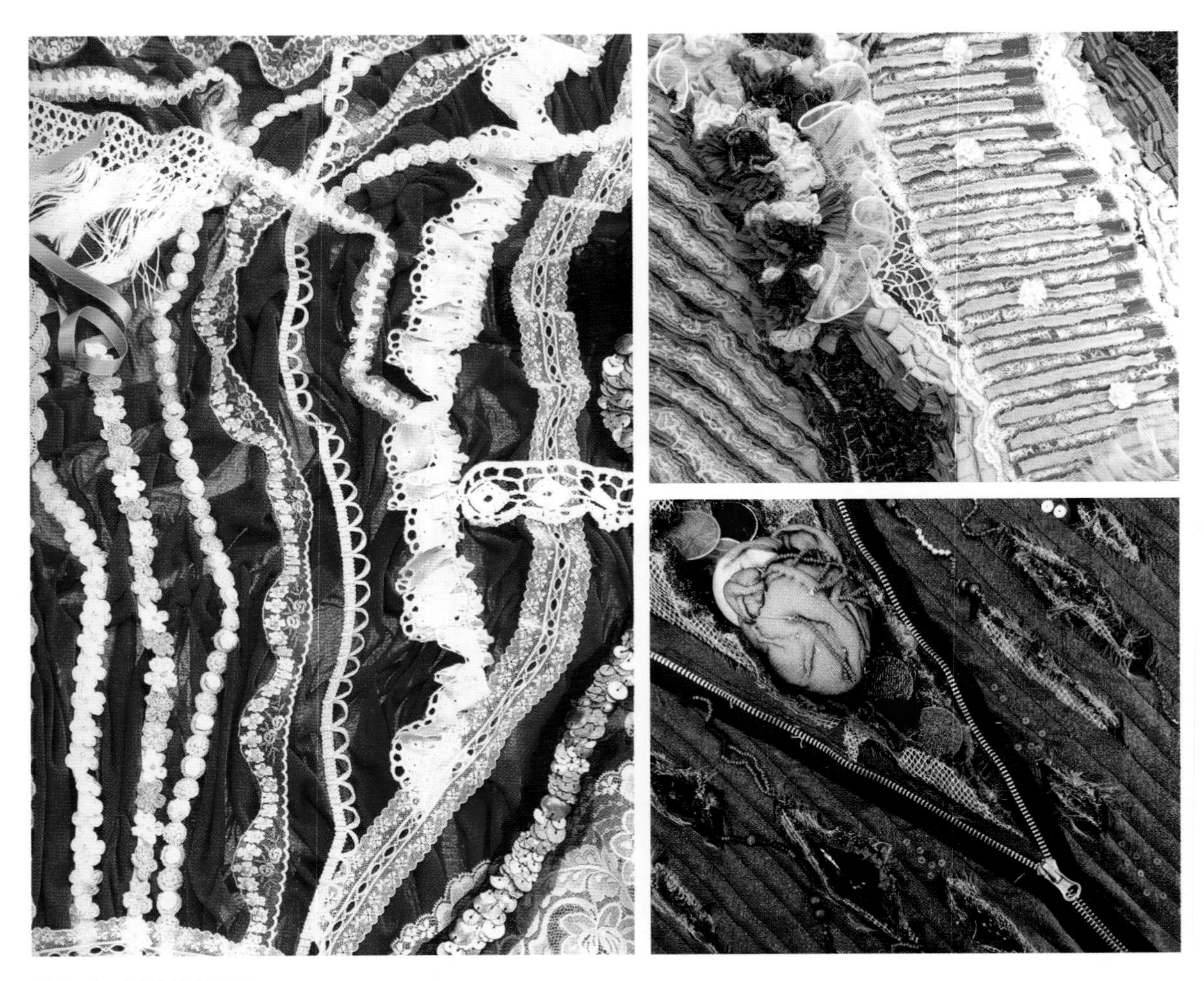

图1-1　面料创意设计

第二节 服装面料创意设计的作用及意义

服装款式、色彩、面料是服装设计的三大要素，作为服装载体的面料，在服装设计中起着至关重要的作用。纯粹的款式变化已经不能满足人们的要求，面料的创新为服装的发展带来新的生命力。

对于服装企业来说，面料创意设计可以提高服装的附加值。例如将不同的面料，经过压褶、刺绣、晕染等手法使服装的艺术性大大提高。对于服装设计师及设计工作室，面料创意设计可强化服装的艺术特点，突出服装设计的原创性。对于专业院校的学生，学习服装面料设计再造可以在有限的经济条件下，使服装面料变得不平凡，充分显示创造性，呈现完整的艺术效果（图 1-2）。

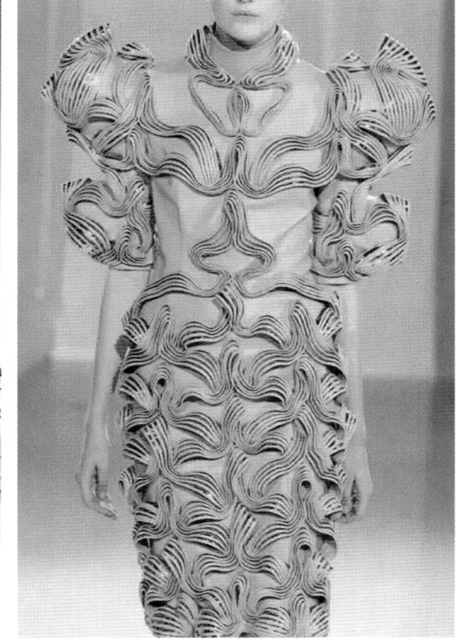

图 1-2　面料创意设计在服装中的应用

第三节 服装面料创意设计的原则

服装面料创意设计不是随心所欲的，也不能只凭设计师的个人喜好，而是必须遵循一定的原则，否则，即使设计得再美，也不能应用于市场，继而创造价值（图 1-3）。

一、结合材料设计

服装面料创意设计应以尊重材料、了解材料、体现材料个性为基本出发点。在服装面料创意设计的过程中，必须先了解材料的各种特性，如强韧性、伸缩性、抗皱性、悬垂性、耐磨性等，不同特性的材质，所形成的外貌特征、质地手感等都不同，只有在全面地了解和比较后，才可能有效地利用各种原材料，

图 1-3　面料创意设计在服装中的应用

对其进行再处理，使其出现丰富的色彩感觉和视觉效果，展现出独特的面貌。例如，利用柔软性面料轻而薄的特点可以设计较多的褶皱，而使服装的廓型看上去不会臃肿；透明面料为使透明感不过分夸张，可以运用叠加织物或刺绣钉珠的方法，体现朦胧含蓄的设计风格。因此，服装面料创意设计需要建立在设计师对各种面料性能的充分了解上，并能结合传统或现代的工艺手段改变其原有的形态，以产生新的肌理和视觉效果。

二、结合服装设计

服装面料创意设计要结合服装设计进行。服装面料创意设计是在了解面料的性能和特点，在不影响其舒适性、功能性、艺术性的基础上，结合服装设计的风格和造型特点进行设计。如体现庄重感的职业装设计，如果将面料大面积地进行剪切、镂空处理，就会严重破坏设计效果，而在局部加入刺绣的图案会为设计增加活力。所以在开始设计时，设计师需要综合考虑面料的各方面特质与服装设计的各方面因素之间的关联性，使面料设计与服装设计相互融合、相互成就。

三、结合工艺设计

合理选择加工工艺，完美地体现服装面料创意的视觉效果。一件优秀的服装面料创意作品，不仅需要构思独特、选材得当，与采用的技术、工艺也密切相关。例如，针织面料与机织类产品质地不同，所以工艺的处理方式有其特殊性；皮革、毛皮类材料的特殊缝合方式与其质地特点有密切的关系。服装面料创意是设计师对现有面料人为地进行再创造和加工的过程，从而使面料外观产生新的肌理效果及丰富的层次感。因此，设计师只有把握面料的内在特性，合理选择加工工艺技术，才能以最完美的形式展现面料新的艺术风格，从而达到面料形态设计与内在品质的完美统一。

第四节 服装面料创意设计的灵感来源

灵感是艺术的灵魂，是设计师创造思维的一个重要过程，也是完成一个成功设计的基础，但是灵感并非唾手可得，需要设计师有良好的艺术表现能力和专业实践基础。同时，灵感的来源也是多方面的。

一、各种自然景物

水或沙漠的波纹，植物的形态和色彩，粗犷的岩石和斑驳的墙壁，风和日丽和电闪雷鸣等（图1-4-1），其纹理、颜色、造型都能成为面料创意设计的灵感来源，通过提取其中的元素，完成对面料的二次设计。

图1-4-1 自然景物

二、各种视觉艺术

面料创意设计作为视觉艺术，与现代绘画、建筑、摄影、音乐、戏剧、电影等其他的艺术形式是相互借鉴和融合的，如建筑中的结构与空间，音乐中的韵律与节奏，现代艺术中的线条与色彩，甚至触觉中的质地与肌理，都可使设计师产生灵感而运用到材质的设计中（图 1-4-2）。

图 1-4-2　视觉艺术

三、各民族文化

不同民族文化的服饰对材料设计的影响很深，如西方服饰中的皱褶、切口、堆积、蕾丝花边等立体形式的材质造型，东方传统服饰中的刺绣、盘、结、镶、滚等工艺形式，非洲与印地安土著民族的草编、羽毛、毛皮等，都成为设计师进行材质设计时所钟爱的灵感的源泉（图 1-4-3）。

设计师从各种资料、信息和事物中不断地观察、积累、收集具有可取性的灵感资料，发掘自己最感兴趣的、最有特色的方面，并结合时代精神和时装流行动态，从创作和设计的角度对各方面的灵感进行深入地取舍、重组、提炼、加工、再造，并充分发挥想象，从中找出适合的方案作为主题设计。

图 1-4-3　民族文化

第二章 Chapter 2

服装面料 创意设计的材料

材料是服装构成的基本要素。对服装材料有基本的认知，了解各种材料的基本特性和功能特点，再根据其特点来设计与再造使之符合服装款式造型的需要，是从事服装面料创意设计的首要环节。目前，市场上的服装材料无论从纤维种类、织造方式还是风格特点上选择范围都很广泛，而面料创意设计所涉及的材料范围大体上分为点状材料、线状材料、面状材料和特殊材料四大类。

第一节 点状材料

一、珠子

一个小小的，中间有洞的球形物体。珠子一般用来装饰手包、礼服、制服等服饰用品，或穿成珠串作为首饰。人造珠子有各种颜色和材质，包括水晶、珍珠、玻璃、金属、木头、塑料和石头。还有用玉米谷物、豆子、种子或橡树果制成的珠子。此外，珠子的形状也是千奇百怪，有圆形、方形、三角形、心形、管状等。珠饰可以增加织物表面的肌理效果（图 2-1-1、图 2-1-2）。

图 2-1-1　木珠

图 2-1-2　人造珍珠

二、亮片

亮片通常由金属或塑料制成，是一种质地较硬、表面平整、闪光度高的材料，配合不同颜色、尺寸和形状，产生独特的效果（图 2-1-3、图 2-1-4）。

图 2-1-3　方形亮片

图 2-1-4　圆形亮片

三、纽扣

纽扣，也写成钮扣，又称扣子、纽或扣，是衣服上的一个配件，常见为圆形，也有方形、花型、椭圆形等不同形状。纽扣通常可用来将两个分离的部分接合，也有一些纯粹作为装饰用途。纽扣可以由不同的材质制成，如树脂、金属、骨头、塑料等（图 2-1-5、图 2-1-6）。

图 2-1-5　木质纽扣

图 2-1-6　树脂纽扣

四、铆钉

铆钉是由金属材料制成的大小不同、形状不同、有一定光泽度的、用以镶嵌在服装、鞋子或包包上的装饰品。铆钉的种类较多，从截面形状上分有圆形、方形和三角形；从立体形状上分有圆柱形、圆锥形、半球形和金字塔形；从颜色上分，常见的有金色、银色、铜色和黑色。“铆钉装饰”在一段时期代表了一种摇滚朋克的风格，不同款式、大小和颜色的铆钉以不同的分布组合，既可潇洒强势，亦可优雅淑女，选择搭配尤为重要（图 2-1-7、图 2-1-8）。

图 2-1-7　圆形、方形铆钉

图 2-1-8　圆锥形铆钉

小贴士

点状材料之间的疏密、聚散所呈现出的立体感及特殊的肌理效果是一种很有趣的现象，所以不妨大胆尝试，创意的空间会越来越大。

第二节 线状材料

一、绣花线

用优质天然纤维或化学纤维经纺纱加工而成的刺绣用线。绣花线品种繁多，按原料分为丝、毛、棉绣花线等。丝绣花线是用真丝或人造丝制成，大都用于绸缎绣花，绣品色泽鲜艳，光彩夺目，是一种装饰佳品，但强力低，不耐洗晒；毛绣花线用羊毛或毛混纺纱线制成，一般绣于呢绒、麻织物和羊毛衫上，绣品色彩柔和，质地松软，富于立体感，俗称绒绣，但光泽较差，易褪色，不耐洗；棉绣花线用精梳棉纱制成，强力高，条干均匀，色泽鲜艳，色谱齐全，光泽好，耐晒，耐洗，不起毛，绣于棉布、麻布、人造纤维织物上，美观大方，应用较为广泛（图 2-2-1、图 2-2-2）。

图 2-2-1　棉绣花线

图 2-2-2　丝绣花线

二、毛线

通常指羊毛纺成的线，也指羊毛和人造纤维混合纺成的线或人造纤维纺成的线。现在的产品可以分成纯毛、混纺和化纤三种。化纤中主要是腈纶和黏胶纤维。毛线品种很多，主要分成粗毛线、细毛线、花色毛线和工厂专用的针织毛线四类。简单介绍几种常用的毛线（图 2-2-3、图 2-2-4）。

1. 粗毛线： 股线线密度在 400tex 左右，一般成 4 股，每股线密度约为 100tex。纯毛的高级粗毛线用细羊毛纺成，价格昂贵。纯毛的中级粗毛线用中等羊毛制造，这种毛线较粗，强力高，手感丰满，织成的毛衣厚实保暖，一般用作冬季服装。

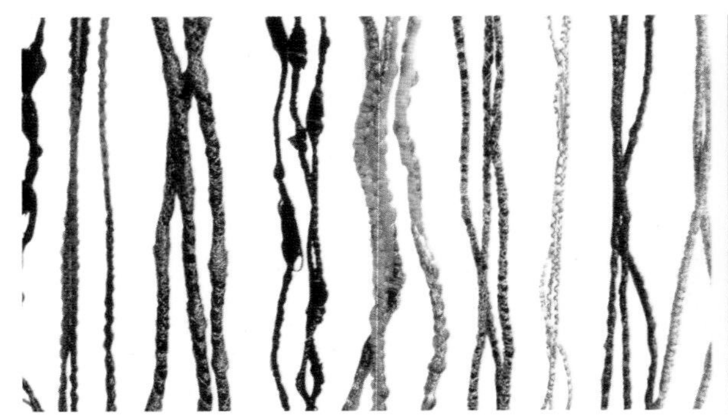

图 2-2-3　粗毛线、细毛线

图 2-2-4　花色毛线

2. 细毛线： 股线线密度 167 ~ 398tex，一般也是 4 股。商品有绞状毛线和球状毛线（团绒毛线）两种。这种毛线条干光洁，手感柔软，颜色漂亮。主要是织成较薄的毛衣，轻盈合身，用于春秋季节，毛线用量较省。

3. 花色毛线： 这种产品花色繁多，品种不断翻新。例如金银夹丝、印花夹花、大小珠、圈线、竹节、链条、大肚纱等品种，织成毛衣后各具特殊风韵。

4. 针织毛线： 一般为 2 根单纱合股，多用于机编。这种毛线编成的毛衣特点是轻、洁、软、滑。

三、丝带

丝带是一种机器织的很细密的彩色带子。品种、颜色、尺寸和材质齐全，花样繁多。宽度从 2 毫米到 50 毫米都有，不同材质的丝带有其自身的视觉效果，在选择使用时可以发挥其最大的特点以达到最好的效果（图 2-2-5、图 2-2-6）。

图 2-2-5　透明丝带

图 2-2-6　缎面丝带

四、拉链

拉链由链牙、拉头、锁紧件等组成。一般拉链有两片链带，每片链带上各自有一列链牙，两列链牙相互交错排列，依靠连续排列的链牙，使物品并合或分离，主要应用于服装、包袋等。拉链按材质分有尼龙、树脂、金属三种，在服装面料创意设计中可以起到装饰性效果（图 2-2-7、图 2-2-8）。

图 2-2-7　金属、树脂拉链

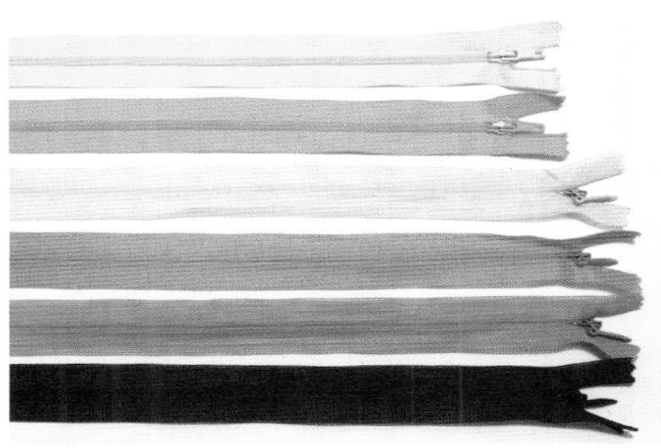

图 2-2-8　彩色尼龙拉链

五、花边

花边是指应用于服装边缘的有花纹装饰的饰边，以棉线、麻线、丝线或各种织物为原料，经过绣制或编织成所需花纹图案的装饰性制品。花边的种类繁多，常见的有抽绣花边、粗线花边、烂花花边、刺绣花边、印花花边和珠片花边等（图 2-2-9）。

图 2-2-9　花边

六、扁带

将面料按所需宽度剪成条状，再通过编织制成服装用面料；或将面料剪成条状后，将其根据设计需要缝合成圆筒状的线材，再进行创作；也可以将裁好的条状面料抽掉单侧或两侧的经纬线，留出短短的毛边，在使用时塑造多层次、厚重的效果（图 2-2-10）。

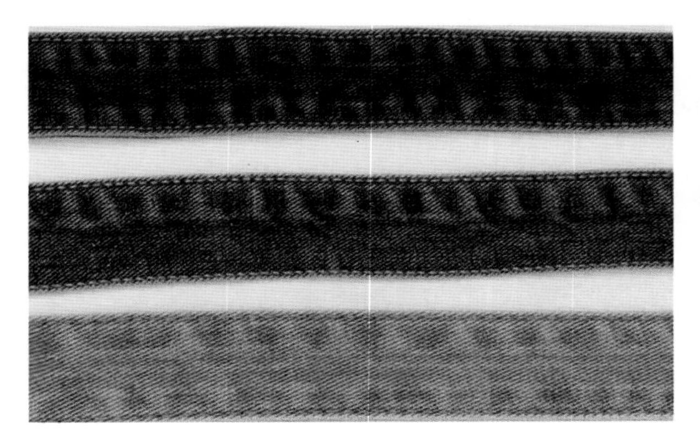

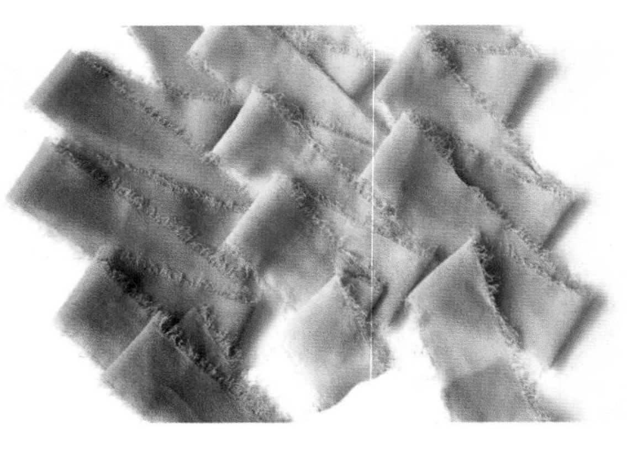

图 2-2-10　纱制、棉制扁带

小贴士

1. 线状材料可以从选择的宽窄、形状、色彩、质感等几个方面收集，收集的种类越多，往往越容易激发奇思妙想。

2. 线状材料可以单独使用，用线的堆积、拼接组成面状形式在整体服装设计中体现；也可以在整体面状材料中作为一种点缀搭配，使服装整体设计平添几分活泼。

第三节 面状材料

一、软薄面料

软薄型面料主要指天然蚕丝纤维和各种人造丝、合成纤维织成的丝织物，面料一般轻而薄，悬垂感好，造型线条光滑，服装轮廓自然舒展，穿着舒适、华丽。常见软薄型面料有绢纺、电力纺、双绉、乔其纱和美丽绸等，此类柔软的面料在服装设计中常常成为礼服的首选面料，设计可以采用直线型简练造型体现人体优美曲线，也可以应用松散和褶裥效果的造型，表现面料线条的流动感（图 2-3-1 ~图 2-3-4）。

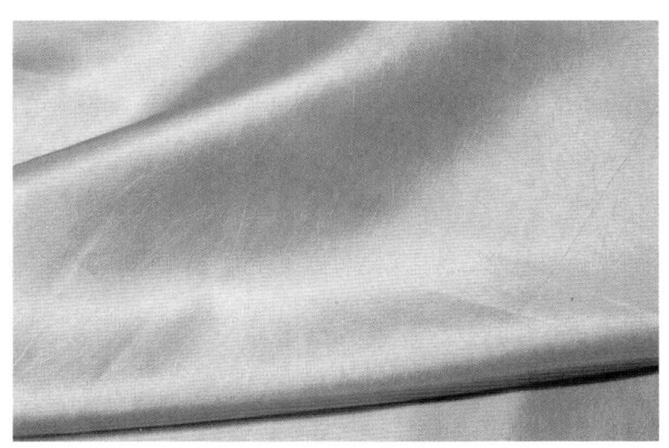

图 2-3-1　绢纺

图 2-3-2　电力纺

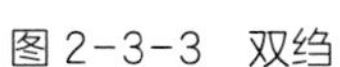

图 2-3-3　双绉

图 2-3-4　美丽绸

二、机织棉麻面料

棉织物是用纯天然棉纤维经纺纱织制而成，棉纤维越长其品质等级越好。棉织物不易产生静电，弹性较差，色泽鲜艳，色谱齐全，耐碱性强，耐热光，易褶皱，易生霉。但棉织物具有良好的吸湿性、透气性，穿着柔软舒适，保暖性好，非常适合制作贴身服装或夏季服装。常见的棉织物有平布、府绸、帆布、卡其、泡泡纱、牛仔布和灯芯绒等。

麻织物是以各类麻纤维制成的一种布料，与棉织物具有相似的特性，但麻容易起皱，穿着不甚舒适、外观较粗糙、生硬。它强度、导热、吸湿性比棉织物大，对酸碱反应不敏感，不易受潮发霉，色泽鲜艳，不易褪色，熨烫温度高。常见的麻织物有夏布、亚麻细布和亚麻帆布等（图 2-3-5 ~ 图 2-3-10）。

图 2-3-5　格子棉布

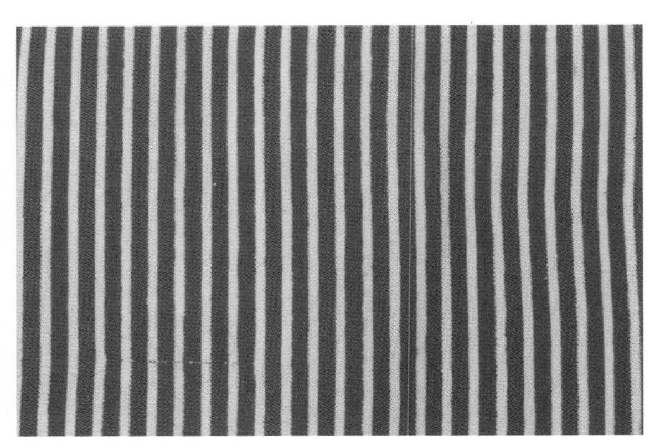

图 2-3-6　条纹棉布

图 2-3-7　亚麻细布

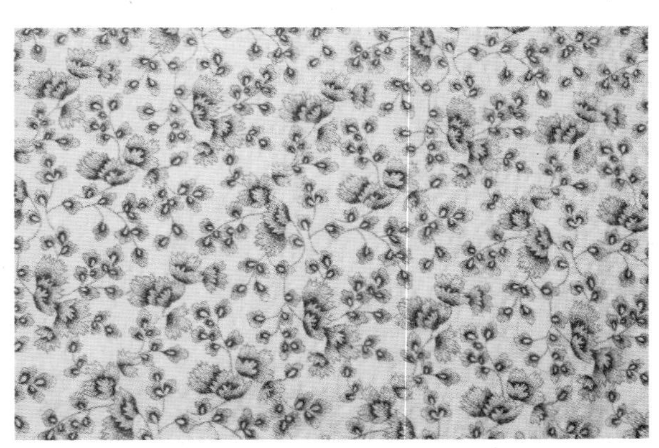

图 2-3-8　泡泡纱

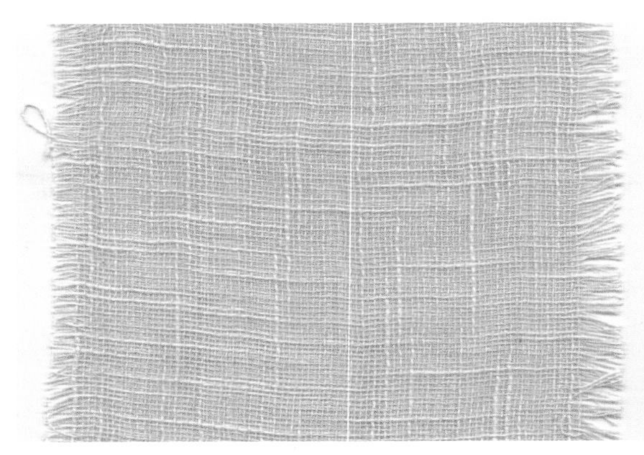

图 2-3-9　夏布

图 2-3-10　亚麻帆布

三、针织面料

针织面料指利用织针将纱线弯曲成圈并相互串套而形成的织物，它与机织面料的不同之处在于纱线在织物中的形态不同。一般针织面料由单根纱线构成线圈并相互串连而成，可以沿着经向或纬向编织，面料具有一定的拉伸性能。针织服饰穿着舒适贴身、无拘紧感，能充分体现人体曲线。现代针织面料更加丰富多彩，已经进入多功能化和高档化的发展阶段，新型针织面料具有各种肌理效应，展现出不同功能和风格（图 2-3-11 ~图 2-3-13）。

图 2-3-11　毛圈织物

图 2-3-12　经编织物

图 2-3-13　网眼织物

四、毛呢面料

毛呢（又叫呢绒）是用各类羊毛、羊绒或人造纤维等纺织成的面料。毛呢织物根据加工工艺的不同，分为精纺呢绒和粗纺呢绒两类。精纺呢绒光洁平整，不起毛，纹路清楚挺直，纱线条干均匀，手感滑糯，丰满活络，身骨弹性好，坚固耐磨，光泽自然柔和，无极光，显得较为庄严，色光柔和，如华达呢、哔叽、凡立丁、贡呢和花呢等；粗纺呢绒厚度较厚，表面毛羽多，正反面都有一层绒毛，织纹不明显，外观粗犷，质地较为松软，手感丰厚，保暖性能好，如麦尔登、海军呢、法兰绒和大衣呢等（图 2-3-14 ~图 2-3-16）。

图 2-3-17　花呢

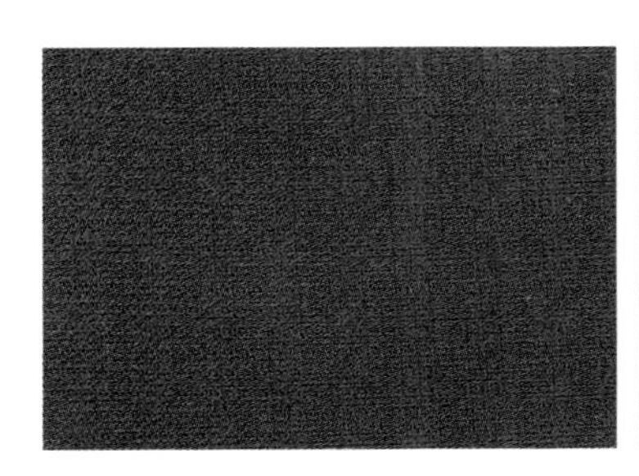

图 2-3-14　麦尔登

图 2-3-15　凡立丁

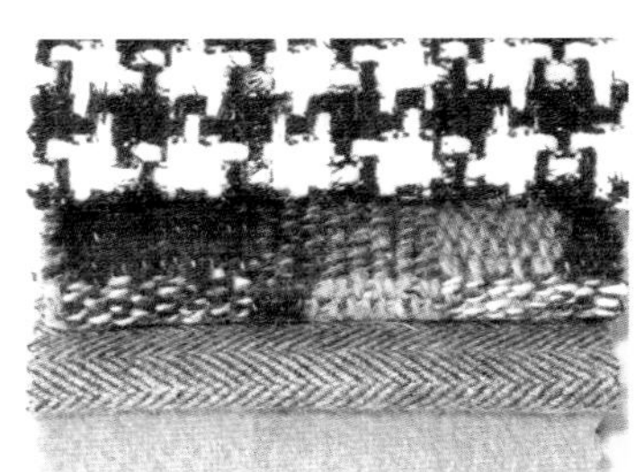

图 2-3-16　花呢

五、闪光面料

具有闪光效果的面料，一直是服装设计师的宠爱。这类面料采用金丝和银丝原料交织，在面料的表面具有强烈的反光闪色效应；或采用镀金方法，在面料上形成各种图案的闪光效应，而面料的反面平整、柔软舒适。用这种面料设计的紧身女时装及晚礼服，会透过闪光面料塑造耀眼、浪漫的风格，展示出面料光彩照人、华贵亮丽的韵味，全方位的表现服饰的风采。它常用于夜礼服或舞台表演服中，可用简洁的设计或较为夸张的造型方式，产生一种华丽耀眼的强烈视觉效果（图 2-3-18 ~图 2-3-20）。

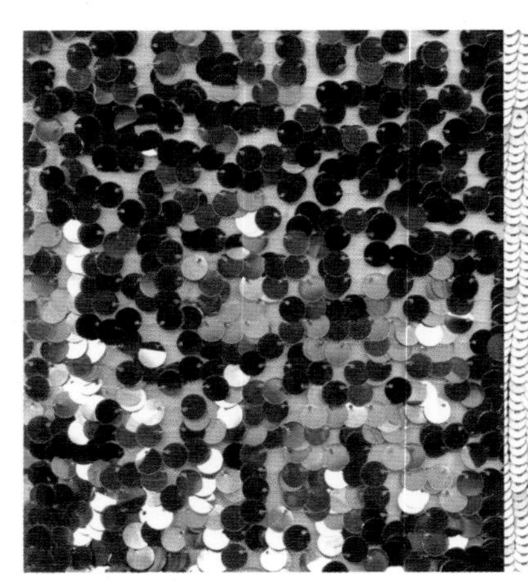

图 2-3-18　亮片布

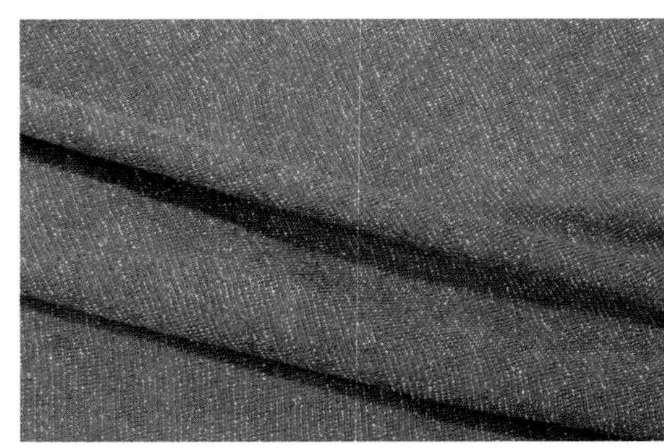

图 2-3-19　金丝布

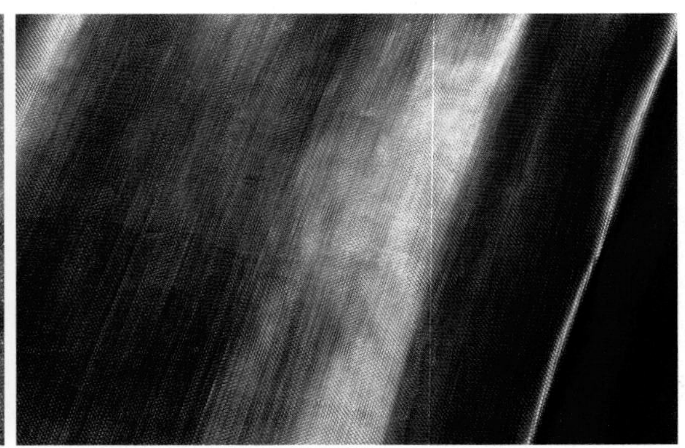

图 2-3-20　涤纶闪光织物

六、透明面料

视觉上透明的面料能不同程度地显露身体，质地轻薄而通透，具有朦胧、性感、优雅而神秘的效果，包括棉、丝、化纤织物，如乔其纱、水晶纱、雪纺、欧根纱和巴厘纱等。设计师可以根据面料柔、挺的不同程度，灵活恰当地予以表现。通常为了不过分夸张地表达面料的透明度，常用叠加织物的设计手法，达到透与不透的朦胧对比效果（图 2-3-21、图 2-3-22）。

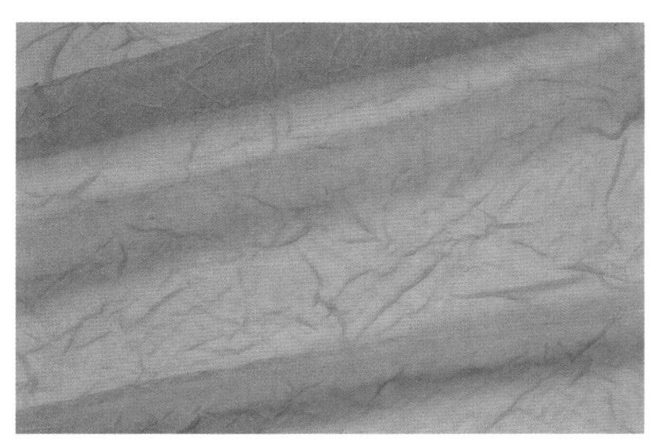

图 2-3-21　雪纺

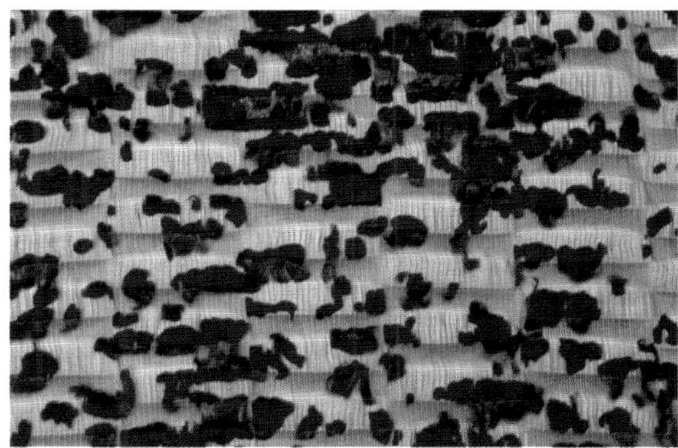

图 2-3-22　巴厘纱

七、图案面料

以花卉、动物、树木、山水、建筑、水果、蔬菜等为主题，一种图案不断重复遍布整个面料，图案所占的空间大于背景所占的空间；或是一小撮的单元图案零散地分布在一个背景上。此外，也有一些阴阳格或阴阳条的交叉带状方向性图案（图 2-3-23 ~图 2-3-26）。

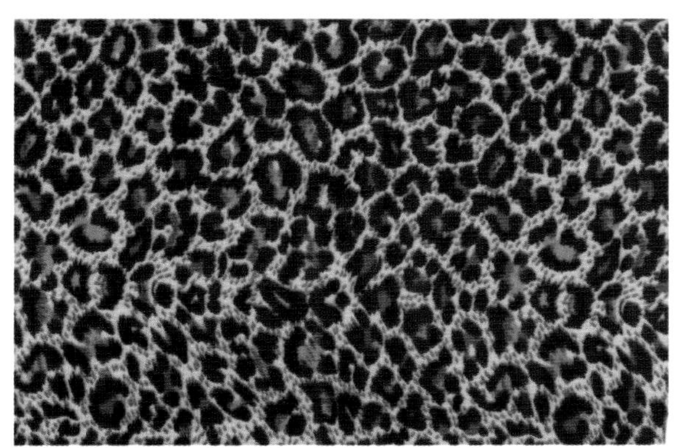

图 2-3-23　豹纹面料

图 2-3-24　满地印花面料

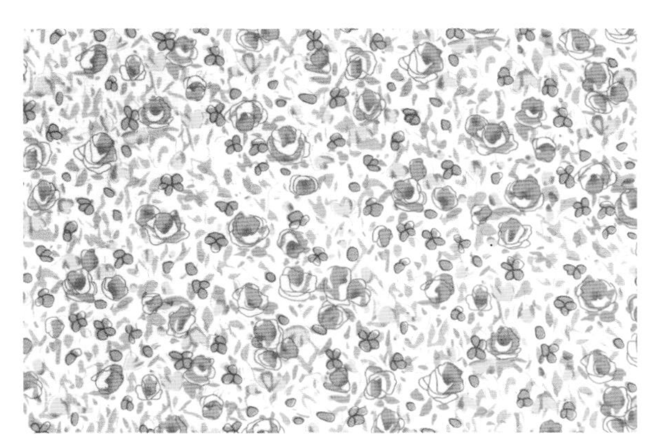

图 2-3-25　混地印花面料

图 2-3-26　印花面料

八、弹性面料

弹性面料指加入氨纶制成的面料，氨纶在服装面料上被大量应用，因其拉伸回复性优良的特点，它能极大地提高织物的弹力与延伸性。这种弹性面料可以非常轻松地被拉伸，恢复后却可以紧贴在人体表面，对人体的束缚力很小。氨纶可以配合大部分纤维原料使用，如羊毛、麻、丝及棉等，以增加面料贴身、弹性和宽松自然的特性，活动时倍感灵活（图 2-3-27、图 2-3-28）。

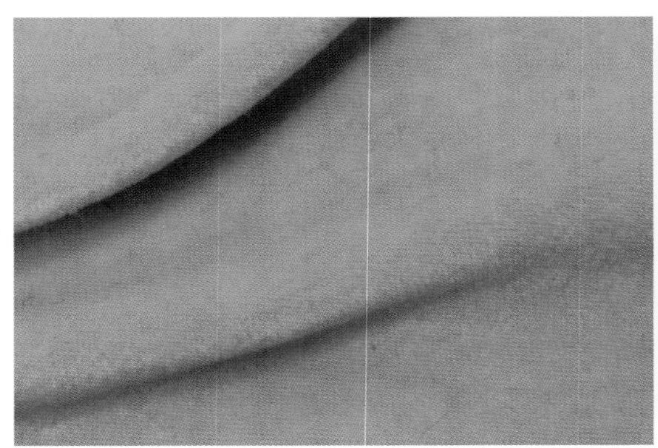

图 2-3-27　氨纶面料

图 2-3-28　金丝氨纶面料

九、网眼面料

网眼面料是在织物结构中产生有规律网孔的针织物。网眼面料一般布面结构较为松散，有一定的弹性和伸展性，孔眼分布均匀对等。孔眼大小变化范围很大，形状有方形、圆形、菱形、六角形、波纹形等。此外，还有一种聚酯合成材料制成的网格结构的六角网眼面料，有软硬之分，支撑力较强，可以创造出很蓬松的效果，是蓬蓬纱裙最常用的面料（图 2-3-29 ~图 2-3-31）。

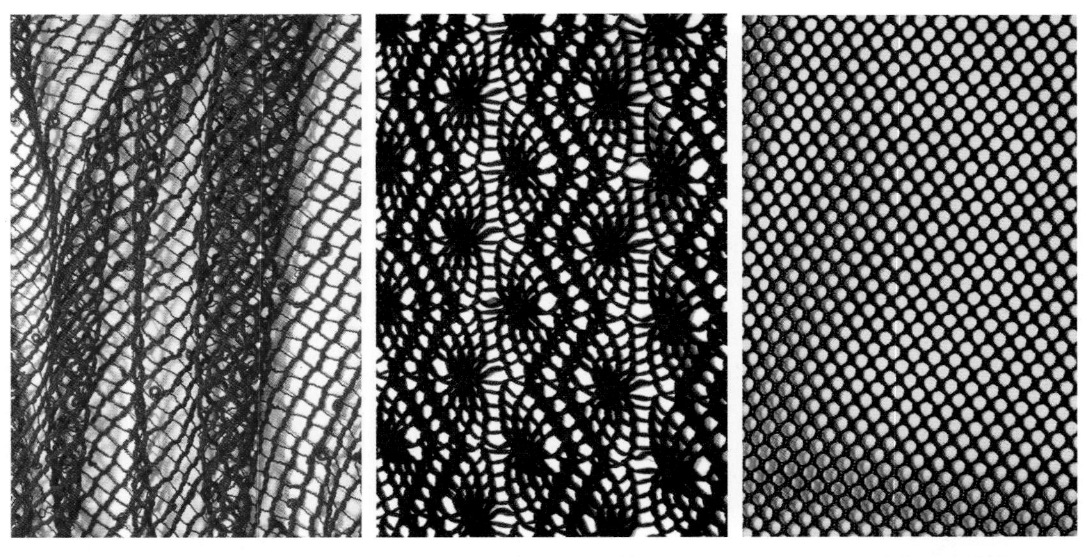

图 2-3-29　方形网眼面料　　图 2-3-30　波形网眼面料　　图 2-3-31　六角网眼面料

十、蕾丝面料

蕾丝是英文“lace”一词的译音，是用各种花纹图案作装饰用的镂空织物，设计秀美，工艺独特，图案花纹有轻微的浮雕效果，半遮半透，体现奢华感和浪漫的气息。蕾丝面料一般分为有弹性蕾丝和无弹性蕾丝，也可按质地原料的不同分为全棉蕾丝、真丝蕾丝和化纤蕾丝。蕾丝面料因其质地轻薄而通透，具有优雅而神秘的艺术效果，被广泛地运用于女性的贴身衣物、晚礼服和婚纱中（图 2-3-32、图 2-3-33）。

图 2-3-32　棉质蕾丝

图 2-3-33　化纤蕾丝

十一、皮革面料

市场上流行的皮革制品有天然皮革和人造皮革两大类。天然皮革由动物皮或兽皮制成，对天然兽皮的加工整理过程称为鞣制。经过鞣制的皮革光滑、紧致柔软、具有弹性、不易变形收缩，但天然皮革大小厚度不均匀，难以合理化加工。不同的动物皮有不同的特点，按皮革原料不同分为牛皮、羊皮、猪皮、鹿皮。而人造皮革是在纺织布底基或无纺布底基上，分别涂上聚氯乙烯树脂并采用特殊发泡处理制成，表面手感酷似真皮，质地柔软、颜色牢固度好、无异味、尺寸稳定，但透气性、耐寒性都不如天然皮革（图 2-3-34、图 2-3-35）。

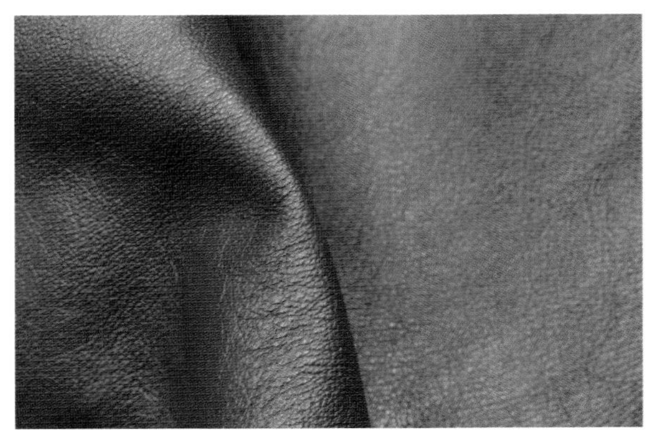

图 2-3-34　牛皮

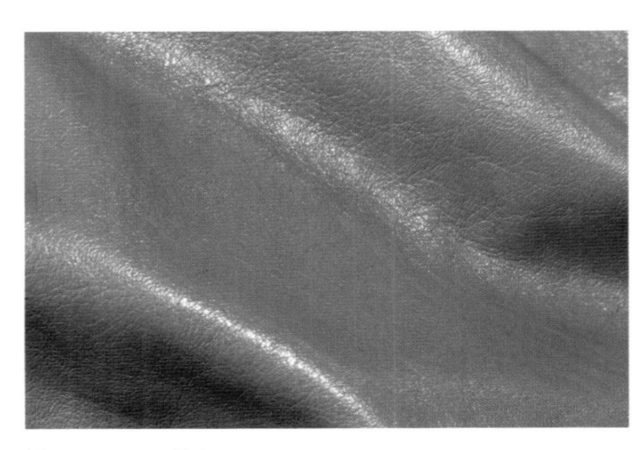

图 2-3-35　羊皮

十二、无纺布面料

无纺布也被称为非织造面料，因为它是一种不需要纺纱织布而形成的织物，只是将纺织短纤维或者长丝进行定向或随机排列，形成纤网结构，然后采用机械、热粘合或化学等方法加固而成。所以，它是抽不出一根根的线头的。无纺布可以用于制作服装，也可以应用于里衬、衬垫以及鞋子和包包的里料。无纺布制品色彩丰富、鲜艳明快、用途广泛、物美价廉、质地轻薄、环保可循环再用，被国际公认为保护地球生态的环保产品。无纺布面料正在用于开发未来面料（图 2-3-36、图 2-3-37）。

图 2-3-36　白色无纺布

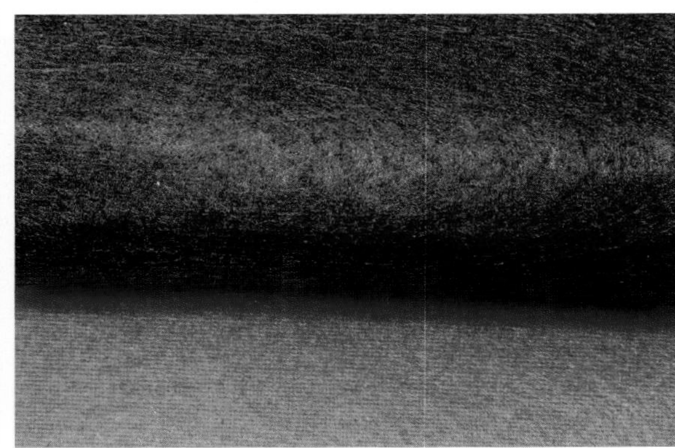

图 2-3-37　彩色无纺布

小贴士

近几年服装面料市场可谓五花八门，日新月异，种类繁多，选择面料除了要考虑服装款式设计的艺术性和实用性，也不妨先根据自己的最初喜好来选择，这样更容易打开对面料创意设计的思路。

第四节 特殊材料

一、金属材料

由铜、钢、铁等合金材料制成的各种金属小件，如别针、金属片、细铁丝等，颜色主要有金色、银色、铜色和黑色等，也可以镀上各种颜色。金属材质在服装、服饰中可以起到很好的装饰作用，增强设计的时尚感（图 2-4-1、图 2-4-2）。

图 2-4-1 细铁丝

图 2-4-2 铜色金属小件

二、羽毛

羽毛质地轻而韧、略有弹性、具有防水性、护体保温等特点。羽毛按构造可分正羽、绒羽和纤羽三大类。正羽又称翮羽，形状较大、坚硬挺直，由羽轴和羽片组成，如野雉和孔雀等的尾羽鲜艳多彩，常用作头冠的饰品；绒羽又称锦羽，着生在成禽正羽之下，以胸腹部为最多，纤细、柔韧、保暖，以鹅绒和鸭绒为佳，是制作枕、被和衣服的良好垫料；纤羽又称毛状羽，外形呈毛发状，很细，少数末端着生无几的羽枝和羽小枝，分布于鸟的口、鼻部或散生于正羽于绒羽之间。 羽毛在服装服饰中的装饰效果是不可替代的（图 2-4-3 ~图 2-4-6）。

图 2-4-3 鸭毛

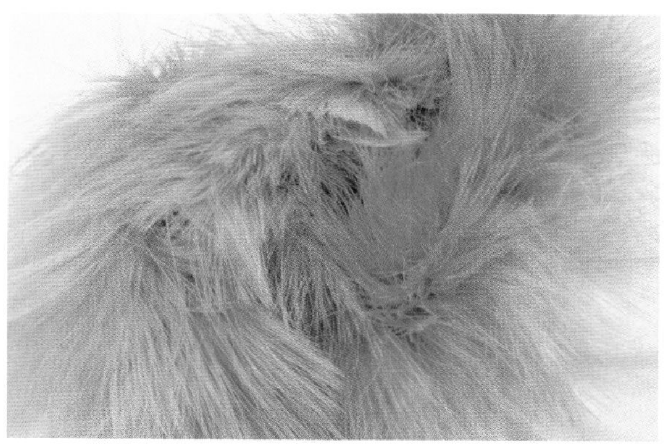

图 2-4-4 绒羽

图 2-4-5 鸵鸟毛

图 2-4-6 正羽

三、填充棉

服装用填充棉是放在面料和里料之间起保暖作用的材料，根据填充的形态，可分为絮类和面类两种。

絮类：无固定形状，松散的填充料，成衣时必须附加里子，并经过机器或手工绗缝，主要的品种有棉花、丝绵、驼毛和羽绒，用于保暖及隔热；

面类：用合成纤维或其他合成材料加工制成平面状的保暖性填料，品种有氯纶、涤纶、腈纶定型棉，中空棉和光洁塑料等，其优点是厚薄均匀，加工容易，造型挺括，抗霉变无虫蛀，便于洗涤（图2-4-7、图2-4-8）。

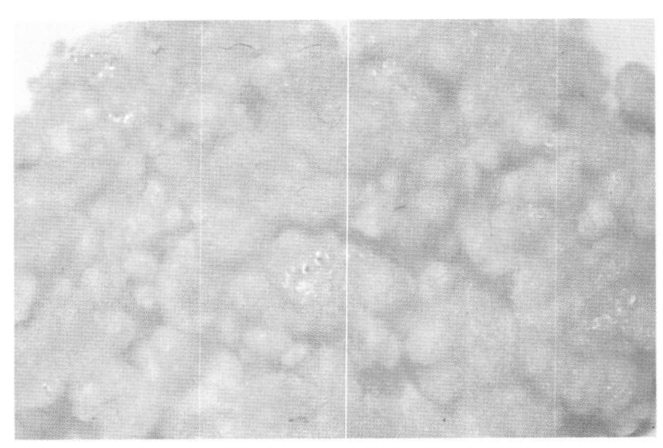

图2-4-7　絮类填充棉

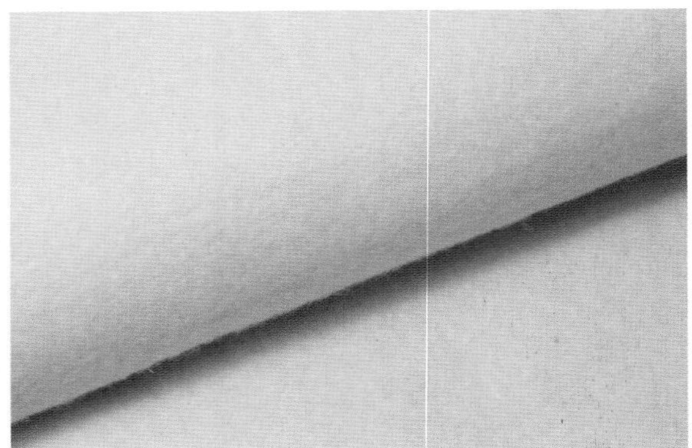

图2-4-8　面类填充棉

小贴士

可以用于面料创意设计的材料有很多，任何我们可以接触到的材料都可以作为服装面料创意设计的一部分，但在选择材料前，一定要考虑到服装穿着时的舒适性、安全性、功能性等。

第三章
Chapter 3

服装面料
创意设计的造型方法

服装面料创意设计的表现技法形式多样，如刺绣、褶皱、堆积、填充、贴花、绗缝、编织、拼接、叠加等。通过对各种材料进行塑造、加工，改变其原有外观，创造出全新的形式，使材料呈现丰富多彩的、富有独特形态感和装饰性的外观效果，同时增加服装设计的层次感、浮雕感、立体感，强化视觉效果，丰富服装的细节，使设计迎合个性化的着装观念。

第一节 加法设计

一、刺绣法

传统的手工刺绣工艺是以棉线、缎带等材料，在丝、缎、纱、棉等面料上，采用多种针法绣制而成。而现代面料创意设计的刺绣工艺在材料的选用和针法的运用上都比传统工艺更自由，追求现代感的装饰效果。因采用的加工材料不同，刺绣可分为线绣、丝带绣和珠片绣。

（一）线绣

线绣是用针将丝线、纱线、毛线以一定图案和色彩在绣布上穿刺，以缝迹构成花纹的装饰织物（图3-1-1）。

材料：绣线、绣布、针、绣框、剪刀（图3-1-2）。

线绣的技法有：回针绣、乱针绣、锁绣、平绣、十字绣等。

图3-1-1 线绣

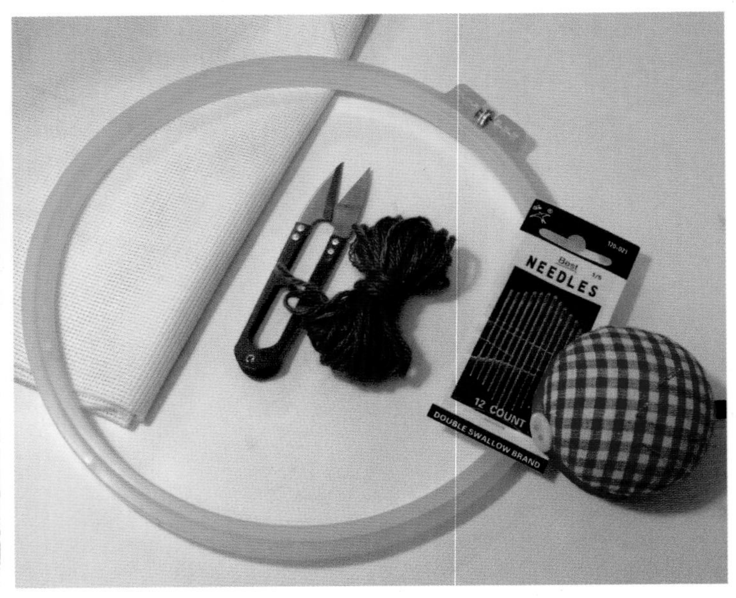

图3-1-2 线绣材料

1. 拱针绣

也叫绗针，是一种最基础且简单的针法，绣时只要运针向前挑织即成（图 3-1-3）。

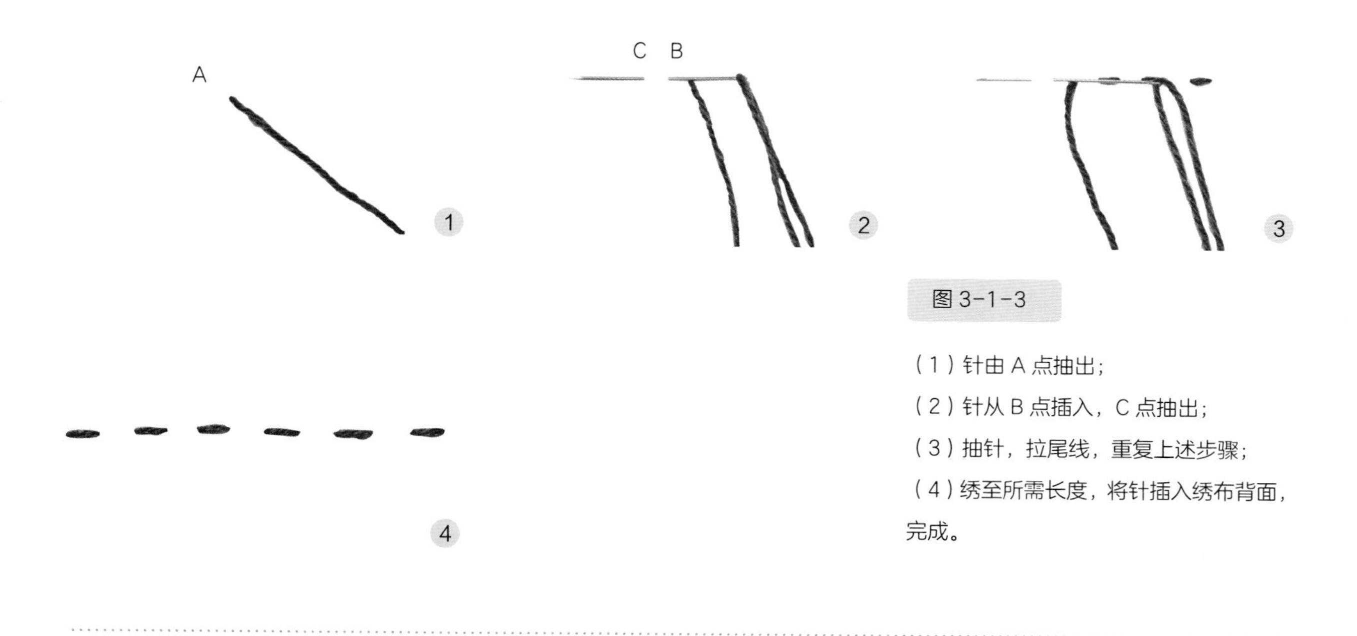

图 3-1-3

（1）针由 A 点抽出；

（2）针从 B 点插入，C 点抽出；

（3）抽针，拉尾线，重复上述步骤；

（4）绣至所需长度，将针插入绣布背面，完成。

2. 平绣

起落针都必须是绣在纹饰边缘，绣线做平行紧密的填补绣，针脚排列整齐均匀。平针因针脚不同的排列方式，而有各种不同的名目，如直平针、横平针、斜平针等（图 3-1-4）。

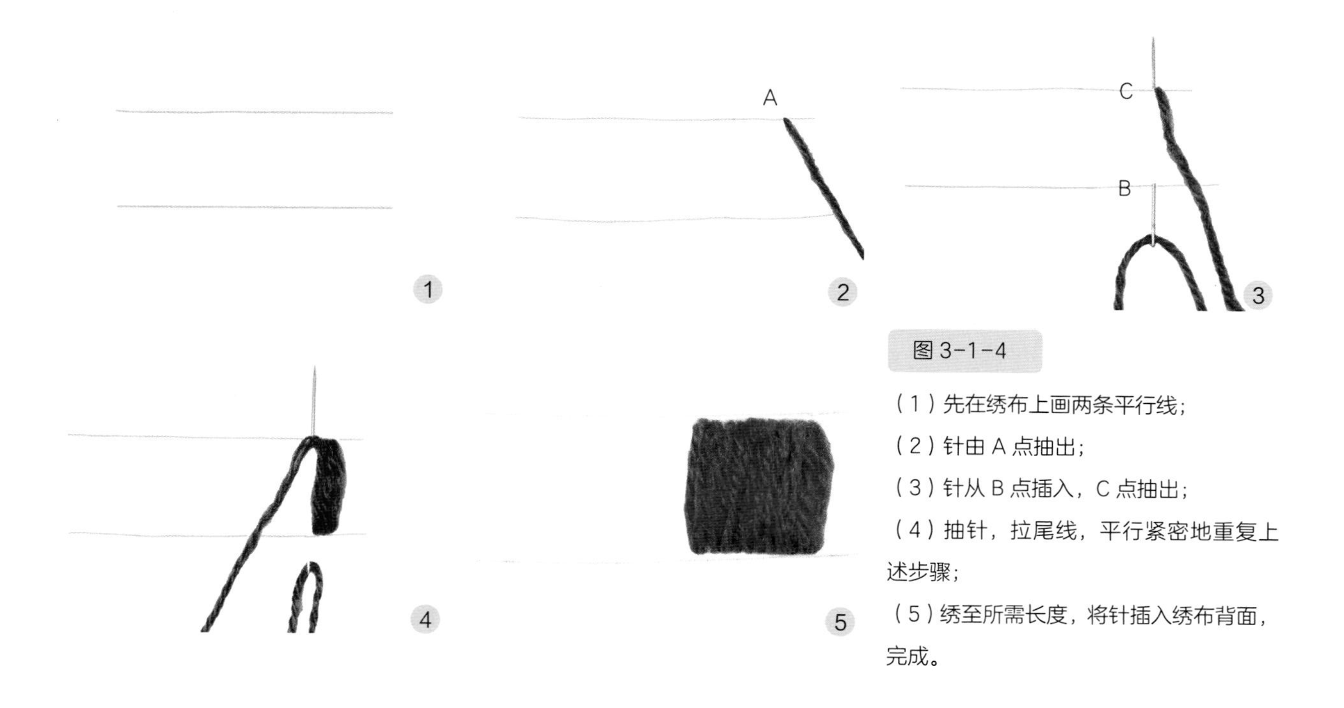

图 3-1-4

（1）先在绣布上画两条平行线；

（2）针由 A 点抽出；

（3）针从 B 点插入，C 点抽出；

（4）抽针，拉尾线，平行紧密地重复上述步骤；

（5）绣至所需长度，将针插入绣布背面，完成。

3. 回针绣

也叫倒针绣，规律就是在正面倒退一个针距，然后在背面前进两个针距（图 3-1-5）。

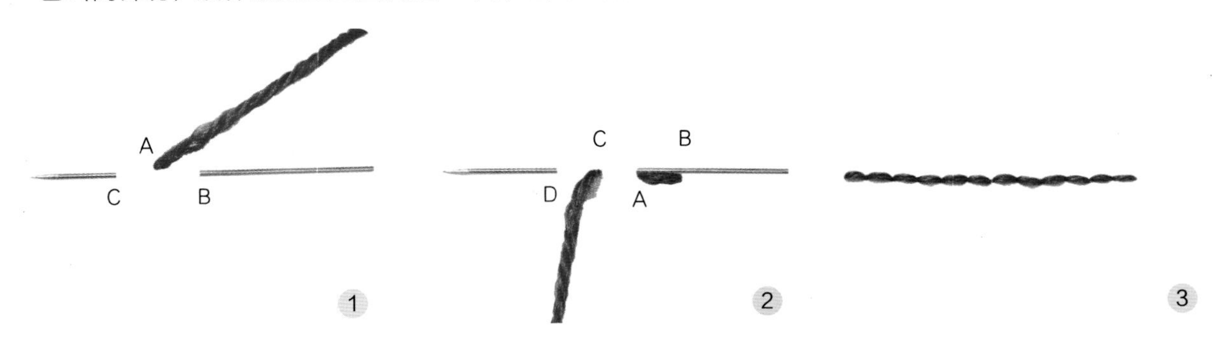

图 3-1-5

（1）针由 A 点抽出，再由 B 点插入，C 点抽出；

（2）抽针，拉尾线，针再从 A 点插入，D 点抽出；

（3）重复步骤 2，绣至所需长度，将针从线段的末端插入，完成。

4. 轮廓绣

绣成的线纹不露针眼，针针相连，后一针约起于前一针的三分之一处，针眼藏在前一个针脚的下面，衔接自然。多用来表现弹性线条，其表面效果如同一条股线（图 3-1-6）。

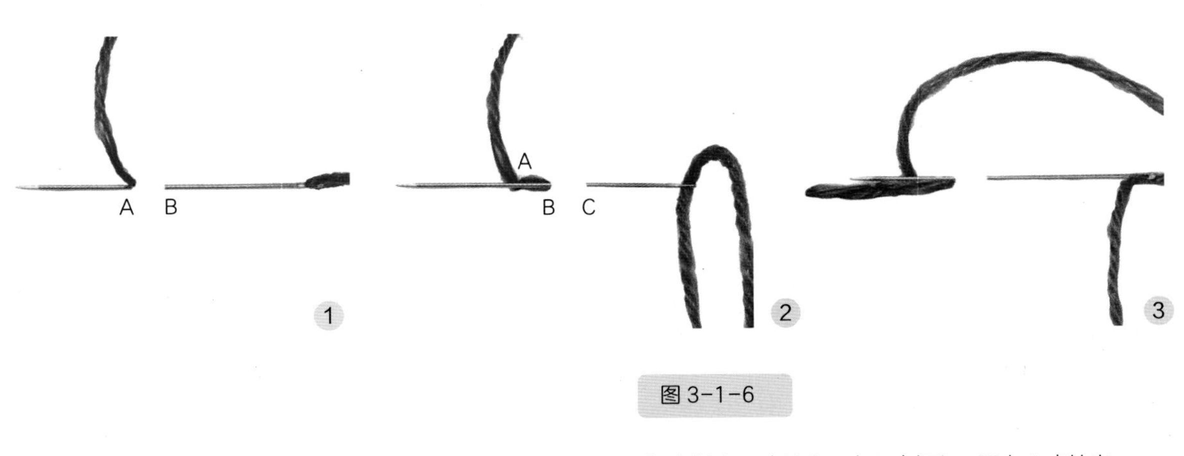

图 3-1-6

（1）针由 A 点抽出，由 B 点插入，再由 A 点抽出；

（2）针由 C 点插入，再由 B 点抽出；

（3）重复步骤 2，绣至所需长度；

（4）将针插入背面，打结，完成。

5. 锁链绣

由绣线圈套组成，因绣纹效果似锁链而得名。绣纹装饰性强，富有立体感（图 3-1-7）。

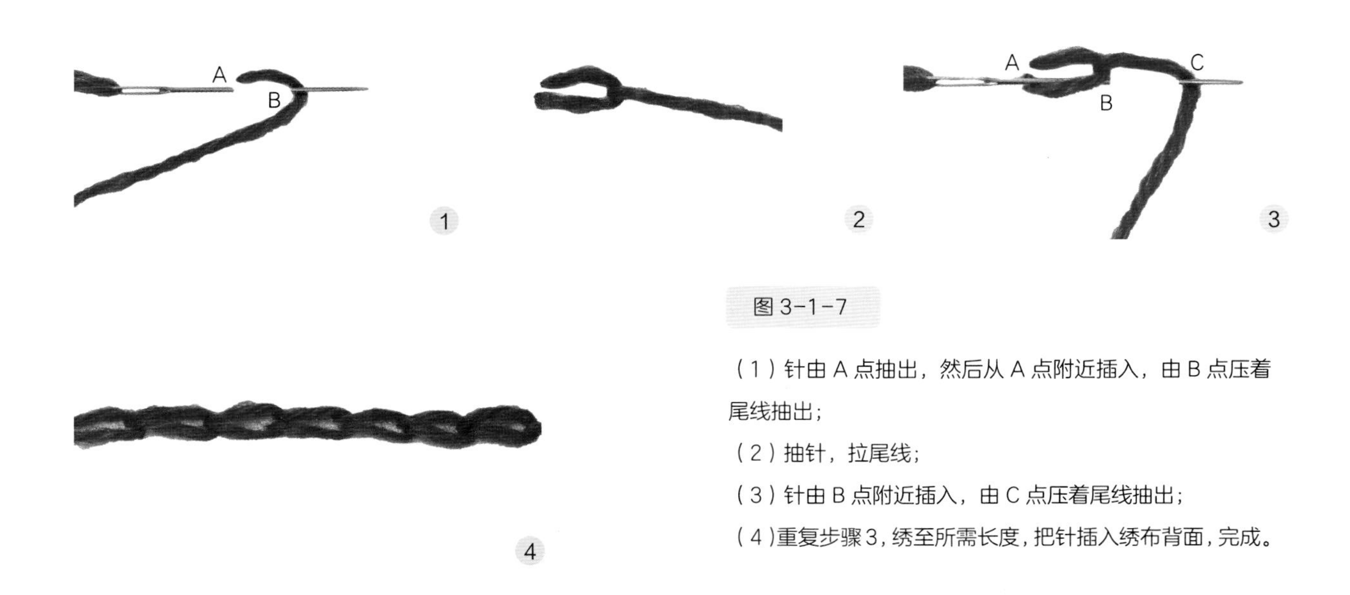

图 3-1-7

（1）针由 A 点抽出，然后从 A 点附近插入，由 B 点压着尾线抽出；
（2）抽针，拉尾线；
（3）针由 B 点附近插入，由 C 点压着尾线抽出；
（4）重复步骤 3，绣至所需长度，把针插入绣布背面，完成。

6. 锁边绣

锁针的衍生针法，常用来收拾毛边或修饰边缘（图 3-1-8）。

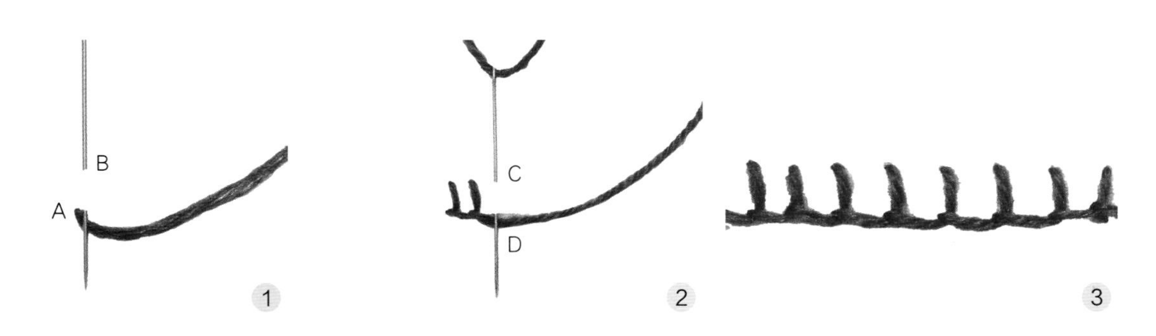

图 3-1-8

（1）针由 A 点抽出，然后从 B 点插入 A 点附近，由 A 点压着尾线抽出。抽针，拉尾线；
（2）针由 C 点插入，由 D 点压着尾线抽出；
（3）重复步骤 3，绣至所需长度，把针插入绣布背面，完成。

7. 羽毛绣

连续绣“开口锁针”，绣得绵密像羽毛，因此称为羽毛绣（图 3-1-9）。

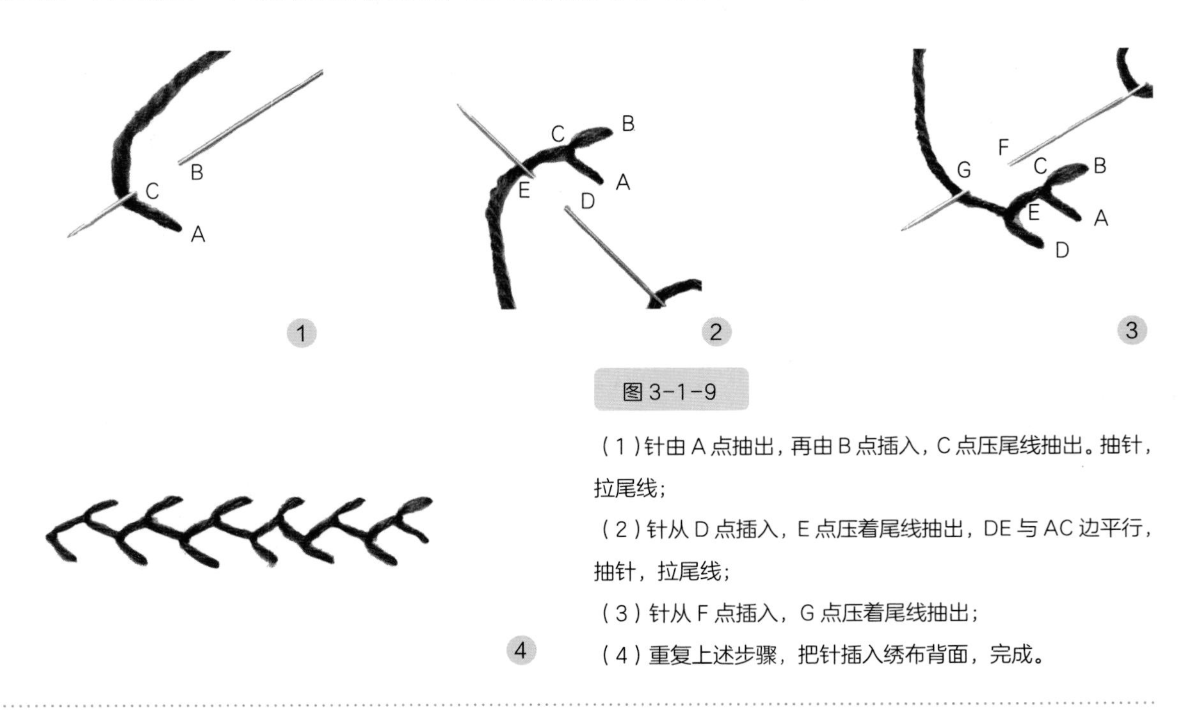

图 3-1-9

（1）针由 A 点抽出，再由 B 点插入，C 点压尾线抽出。抽针，拉尾线；

（2）针从 D 点插入，E 点压着尾线抽出，DE 与 AC 边平行，抽针，拉尾线；

（3）针从 F 点插入，G 点压着尾线抽出；

（4）重复上述步骤，把针插入绣布背面，完成。

8. 长短绣

用短直针脚按纹饰形状，分层刺绣。可使用颜色相近绣线制造由浅到深的色晕效果。采用这种针法的绣品较为结实，纹饰装饰性强（图 3-1-10）。

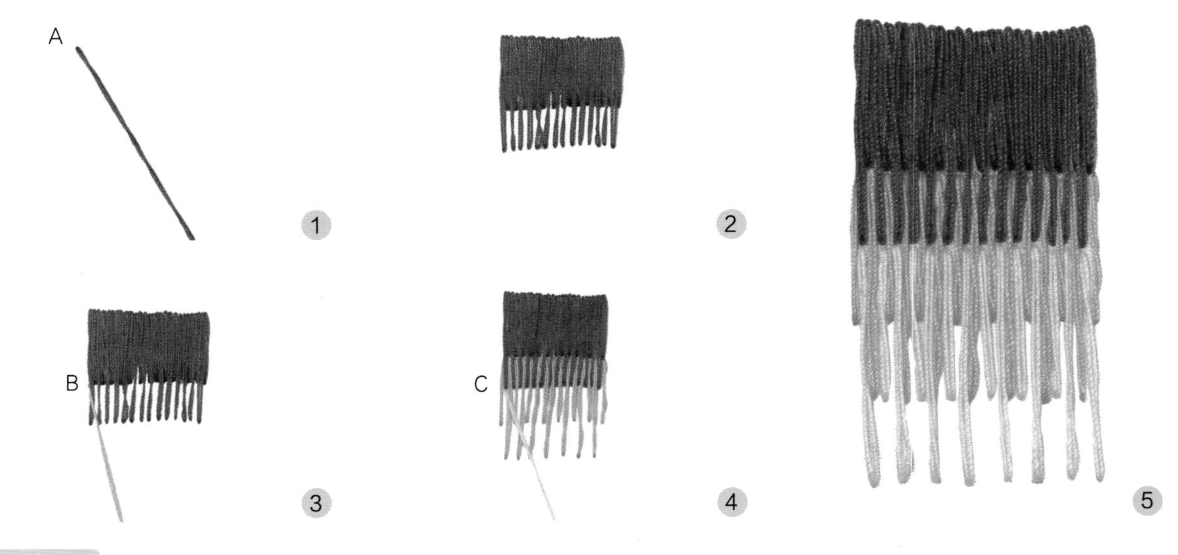

图 3-1-10

（1）用深绿色线，从 A 点抽出；

（2）绣长短交互针迹；

（3）换浅绿色线，从 B 点抽出；

（4）长针迹与短针迹相结合，绣满第二层。换黄绿色线，从 C 点抽出；

（5）长针迹与短针迹相结合，绣满第三层，完成。

9. 打籽绣

也叫豆针绣，特点是变化灵活、自由，位置使用不受限制，色彩、形状的大小也相对随意，让人感到生动、活泼（图 3-1-11）。

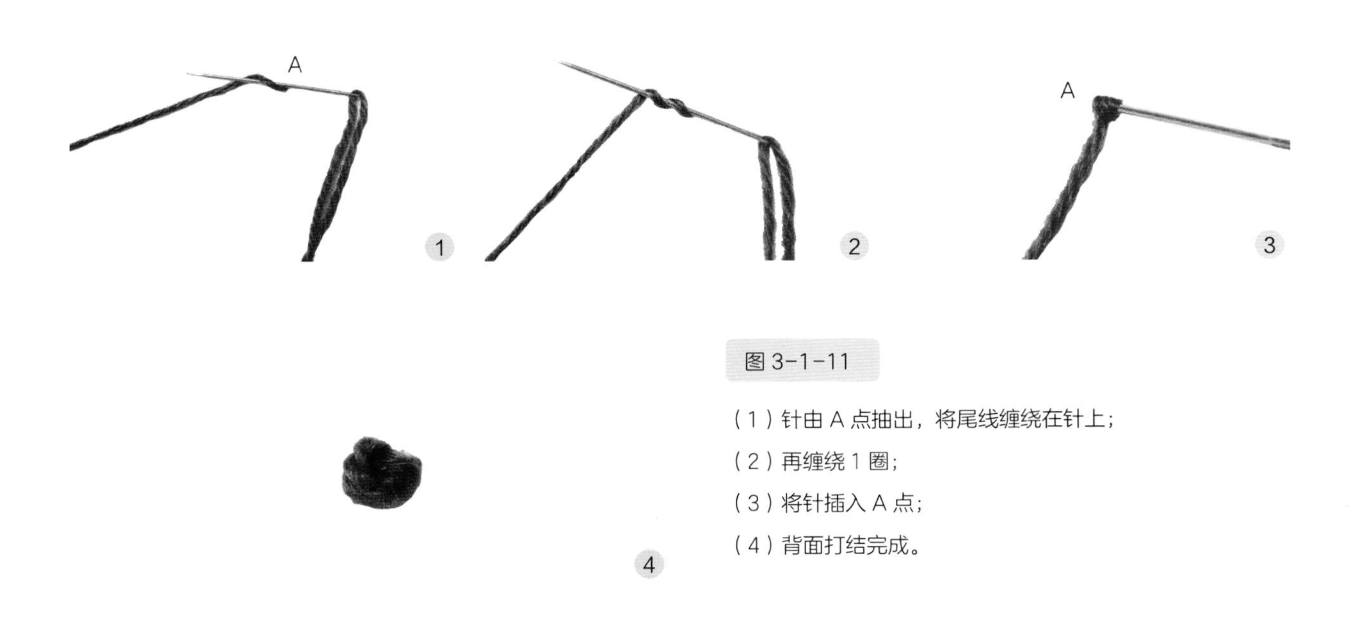

图 3-1-11

（1）针由 A 点抽出，将尾线缠绕在针上；

（2）再缠绕 1 圈；

（3）将针插入 A 点；

（4）背面打结完成。

10. 十字绣

也称十字桃花，是在十字纹布上，数格子的织法，即用十字纹样排列组合各种图案。针迹整齐、行距清晰，“十”字大小一致（图 3-1-12）。

图 3-1-12

（1）针从 A 点抽出，B 点插入；

（2）收针，拉尾线，成 1 个直线针迹；

（3）将针从 C 点抽出，D 点插入；

（4）收针，拉尾线，绣所需长度，打结完成。

11. 贴线绣

用细线以垂直方向将浮线钉固在绣布上的一种针法。可为图纹之轮廓线，也可将图案填满（图 3-1-13）。

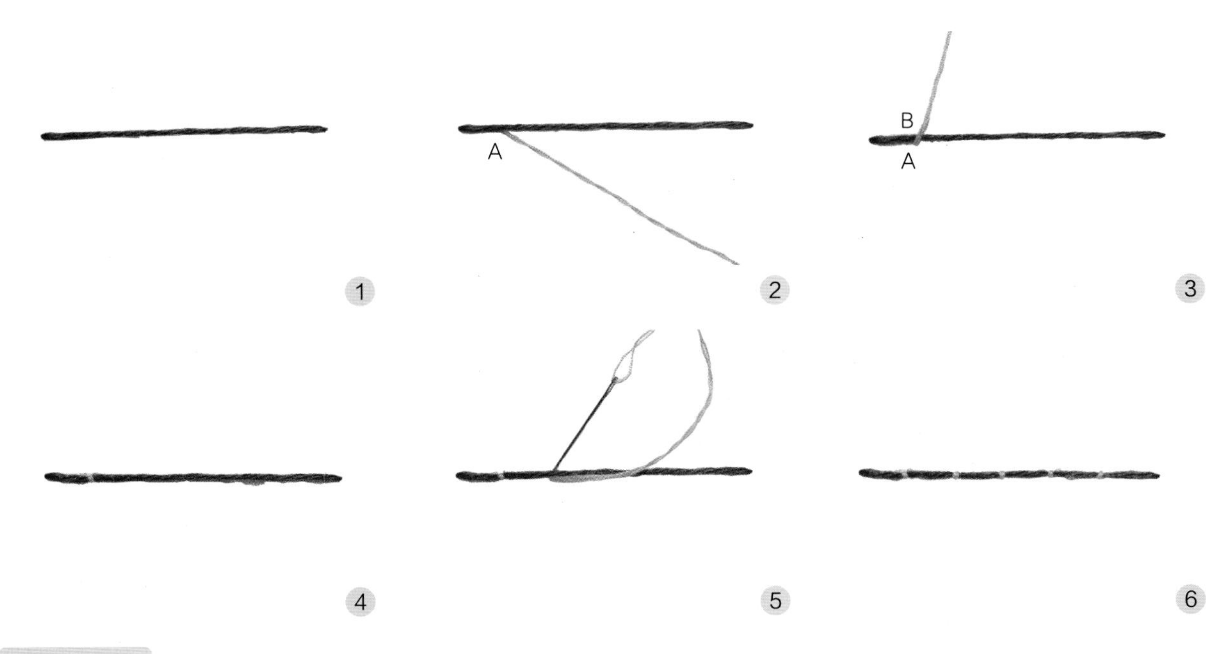

图 3-1-13

（1）绣 1 个直线针迹；

（2）针换线，由直针迹中间的 A 点抽出；

（3）将针插入 B 点；

（4）完成第一个贴线绣针迹；

（5）重复步骤 2、3；

（6）绣所需长度，背面打结完成。

12. 乱针绣

以不同方向的直针绣成面的针法。乱针绣着重线条的变化，乍看很乱，实则乱中有序（图 3-1-14）。

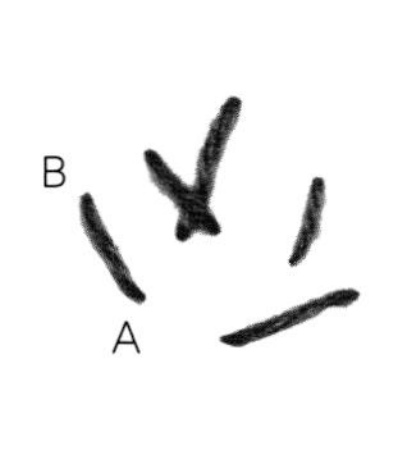

图 3-1-14

（1）针由 A 点抽出，再由 B 点插入，完成 1 个直针迹，重复上述步骤，在绣布上随意绣直线针迹，交叉也可；

（2）绣至所需的直线针迹个数即可。

小贴士

因绣线的粗细和种类不同，最后完成绣品的效果也有所不同。

（二）丝带绣

丝带绣又称“绚带绣”，是以丝带为绣线直接在面料上进行刺绣，绣线光泽柔美，立体感强（图3-1-15）。

材料：丝带、绣布、针、水消笔、绣框、剪刀（图 3-1-16）。

图 3-1-15 丝带绣

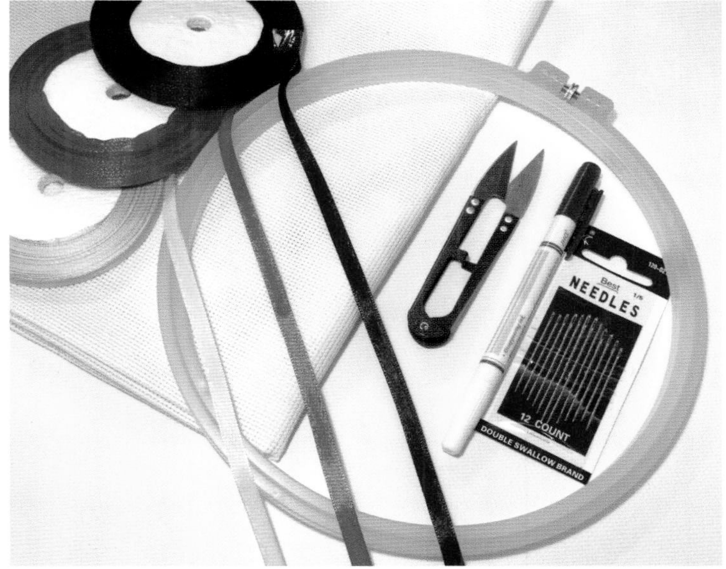

图 3-1-16 丝带绣材料

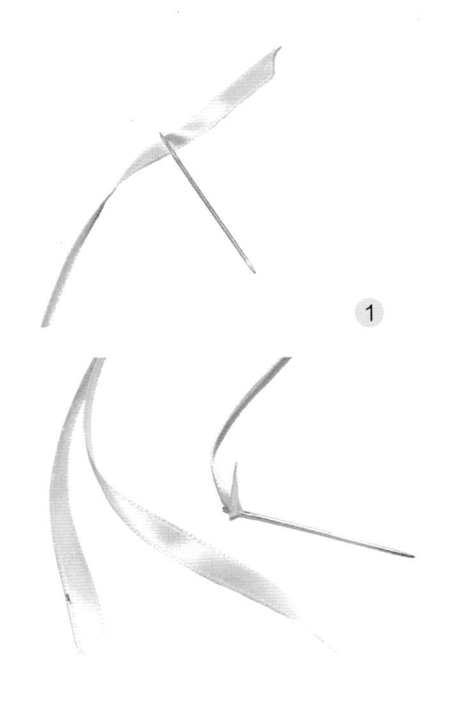

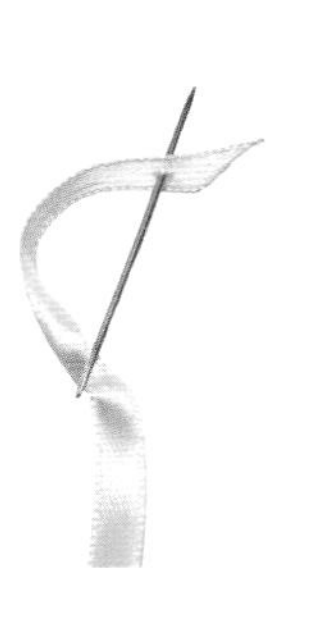

图 3-1-17

（1）将丝带末端斜着修剪，由针眼穿过，留出 5 厘米长的丝带；

（2）将针尖置于斜口末端 5 毫米处；

（3）将针穿过丝带，一手拿丝带，用另一支手拉动针，直至在针眼处形成一个结；

（4）丝带已经结实地固定在针上，可以开始刺绣了。

丝带绣基本针法：

1. 直针绣（图 3-1-18）

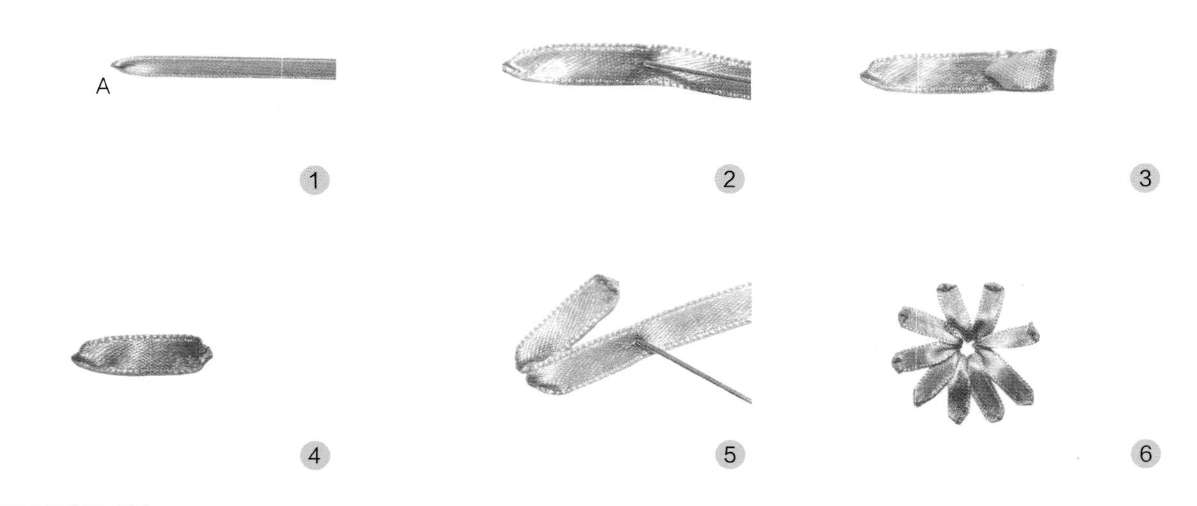

图 3-1-18

（1）针从 A 点抽出，再用针将丝带捋平；

（2）针从丝带下方 2 厘米处插入；

（3）慢慢抽针；

（4）拉直丝带即可完成；

（5）继续绣，重复上述直针绣步骤；

（6）绣成花的形状。

2. 菊叶绣（图 3-1-19）

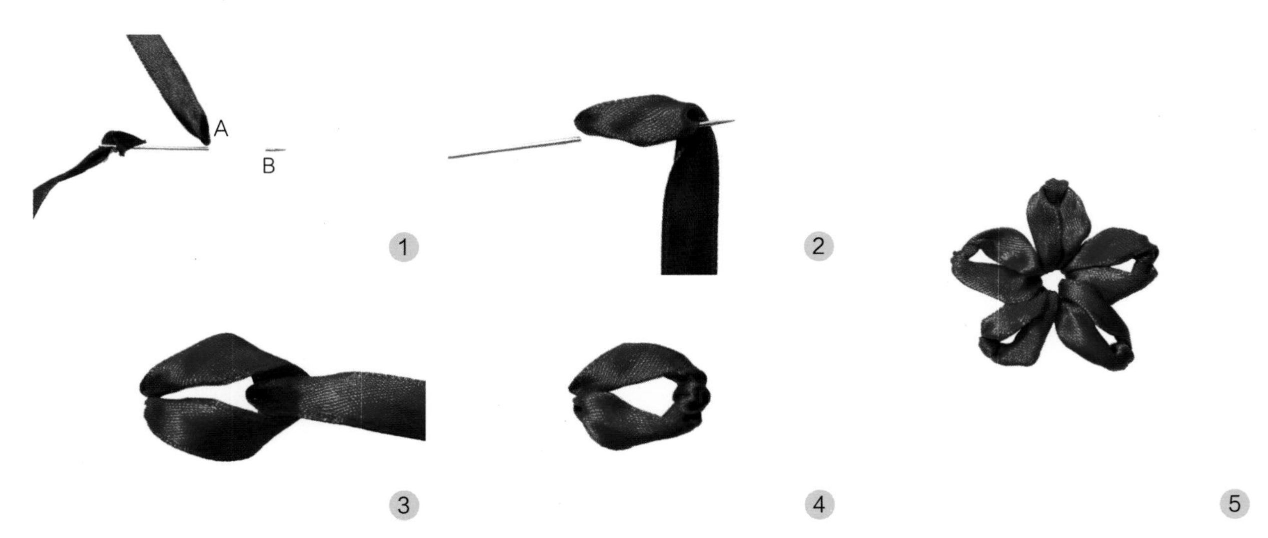

图 3-1-19

（1）针由 A 点抽出，紧邻 A 点将针插入，再在 B 点抽出；

（2）将丝带绕针尖转一圈；

（3）将丝带拉紧；

（4）将丝带拉到想要的形状，紧贴着丝带将针插入绣布背面，打结完成；

（5）用同样的方法，将菊叶针迹组合成花朵的形状，注意花瓣之间的距离要统一。

3. 缠绕绣（图 3-1-20）

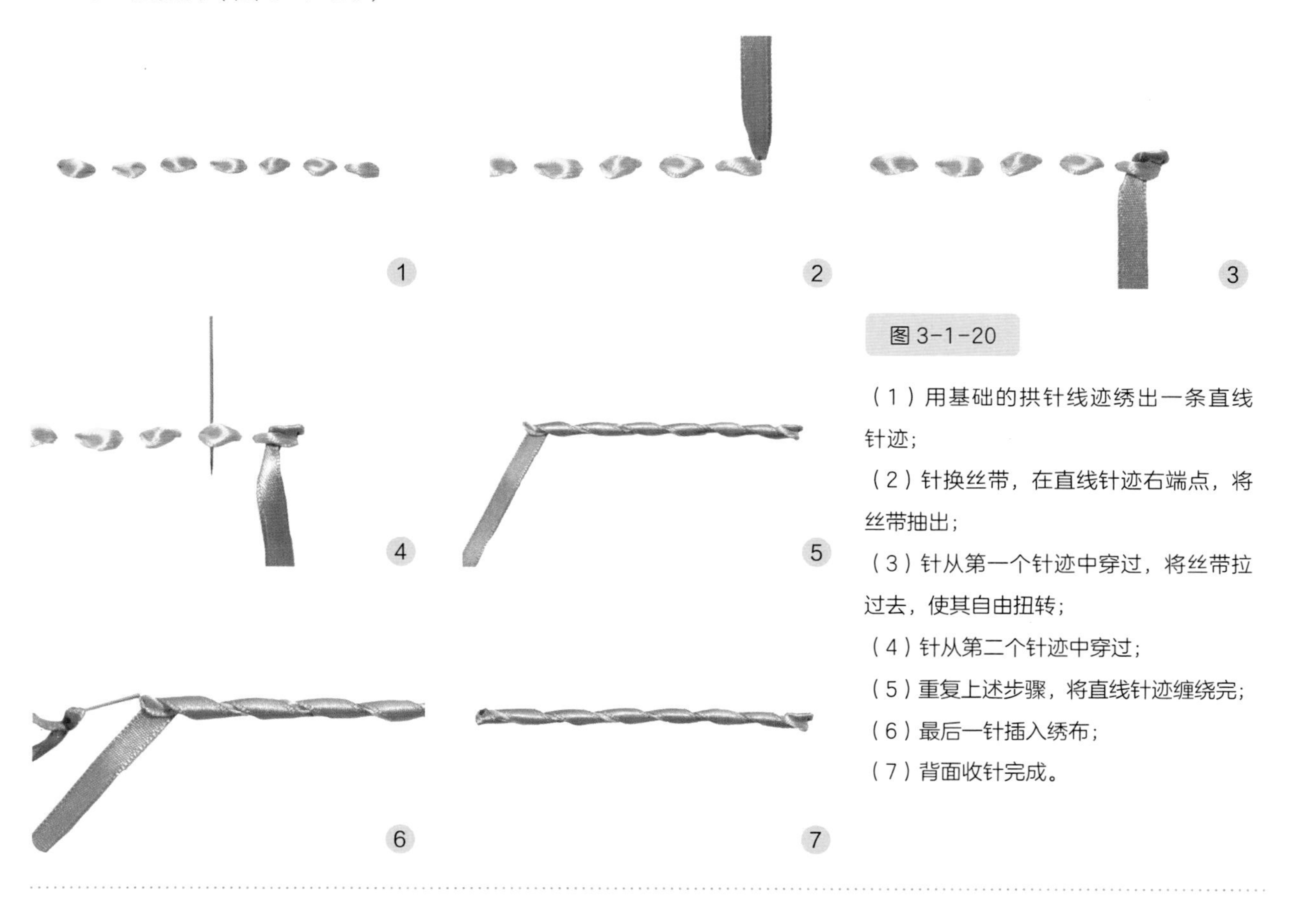

图 3-1-20

（1）用基础的拱针线迹绣出一条直线针迹；

（2）针换丝带，在直线针迹右端点，将丝带抽出；

（3）针从第一个针迹中穿过，将丝带拉过去，使其自由扭转；

（4）针从第二个针迹中穿过；

（5）重复上述步骤，将直线针迹缠绕完；

（6）最后一针插入绣布；

（7）背面收针完成。

4. 起梗绣（图 3-1-21）

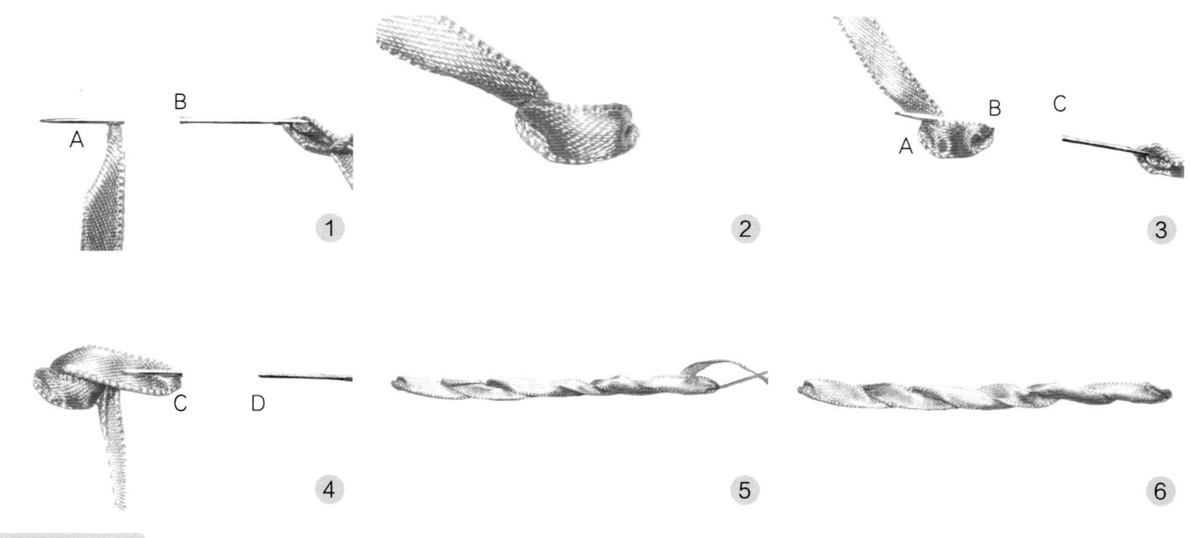

图 3-1-21

（1）从 A 点将丝带抽出，针由 B 点插入，A 点抽出；

（2）将丝带拉紧；

（3）针由 C 点插入，B 点抽出；

（4）针由 D 点插入，C 点抽出；

（5）重复上述步骤，绣至所需要的长度，针插入绣布背面；

（6）完成。

5. 苍蝇绣（图 3-1-22）

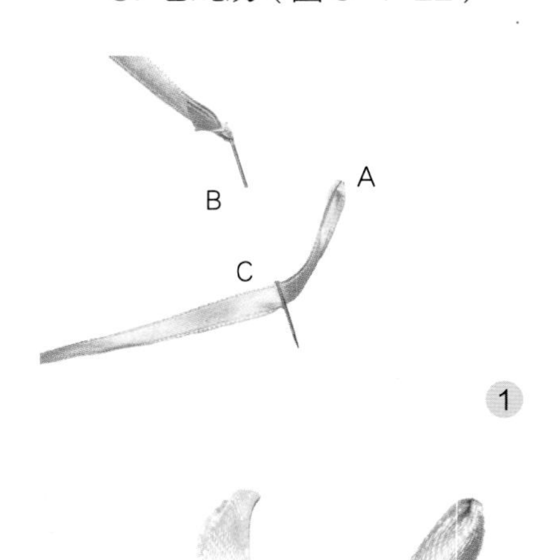

2

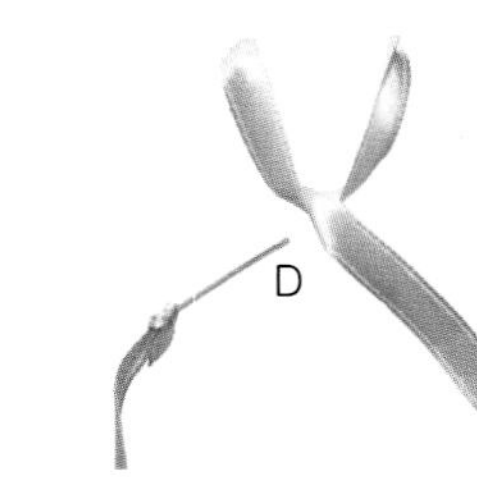

3

4

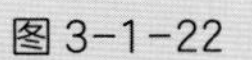

图 3-1-22

（1）针由 A 点抽出，B 点插入，C 点压丝带抽出；

（2）慢慢拉丝带，使 A 点和 B 点之间形成 1 个环；

（3）针插入 D 点；

（4）拉紧丝带，形成一个“Y”，完成。

6. 法国结（图 3-1-23）

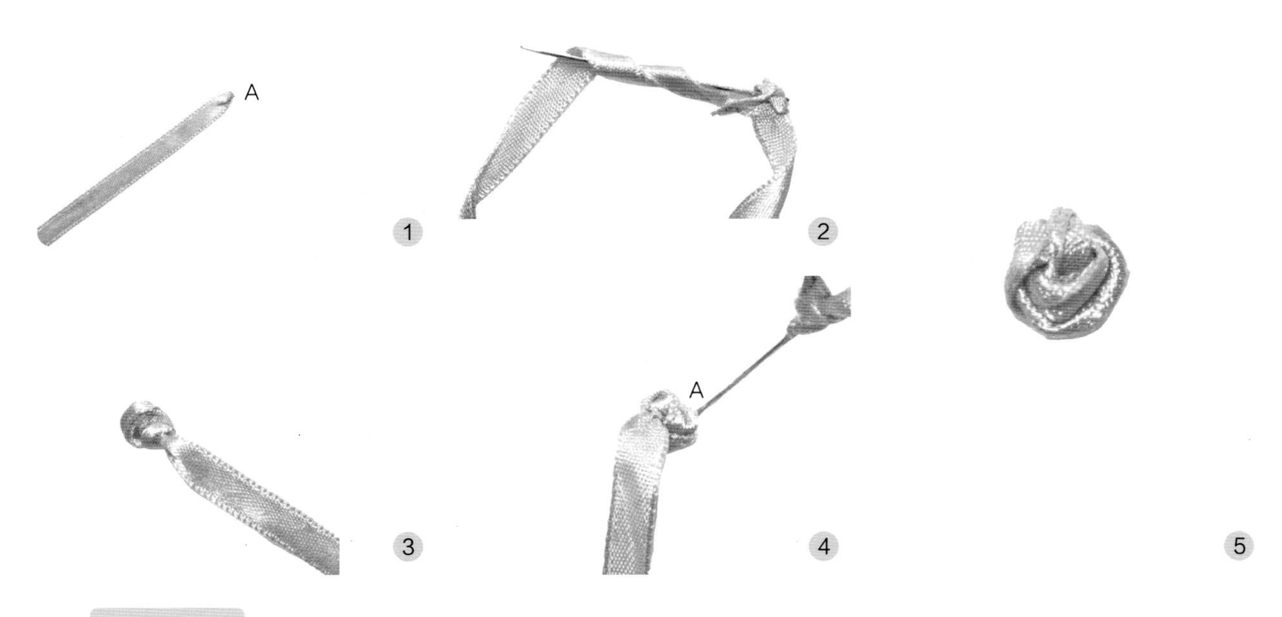

图 3-1-23

（1）针从 A 点抽出；

（2）将丝带在针尖上缠绕 2 圈，形成一个卷；

（3）将针尖紧贴 A 点，让丝带卷顺针下滑直至贴着布面，拉丝带，轻轻将结系紧；

（4）将针插回绣布背面；

（5）拉紧丝带直至形成一个小结，完成。

7. 叠合绣（图 3-1-24）

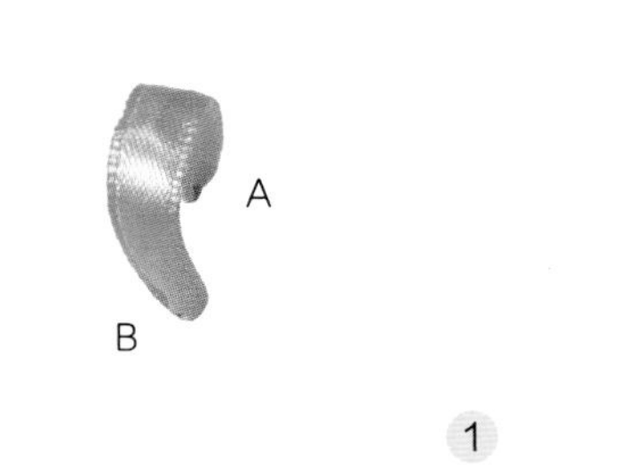

1

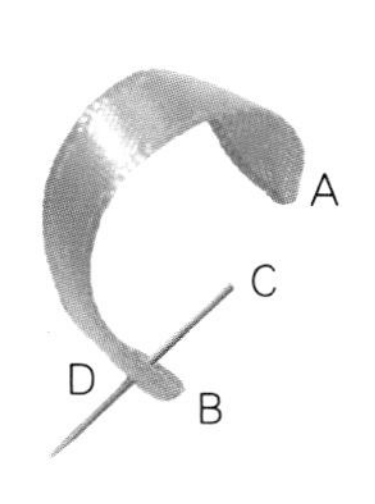

2

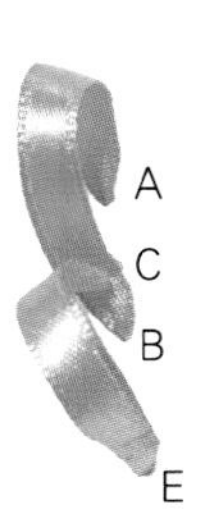

3

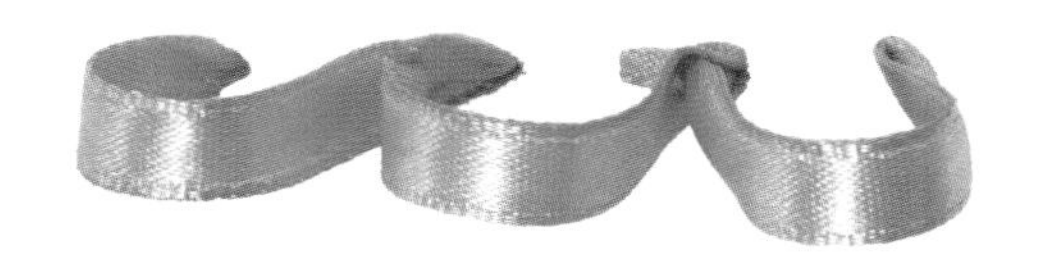

4

图 3-1-24

（1）针由 A 点抽出，B 点插入，使之成为 1 个环形；

（2）针由 AB 点中间的 C 点抽出，过丝带上 D 点穿出；

（3）将针插入 E 点，得到第 2 个环形；

（4）重复上述步骤，绣至所需的数量，完成。

8. 玫瑰绣（图 3-1-25）

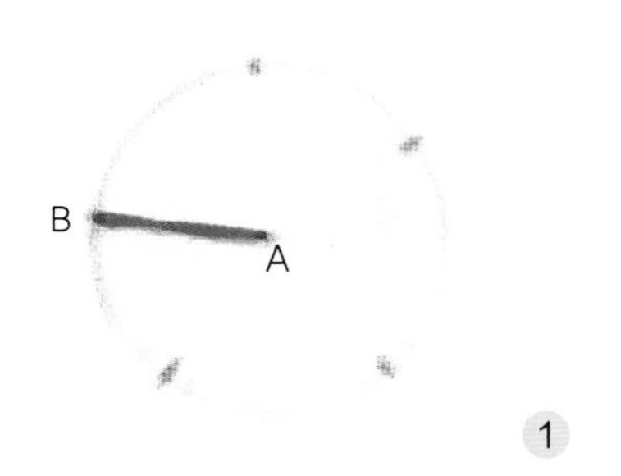

1

2

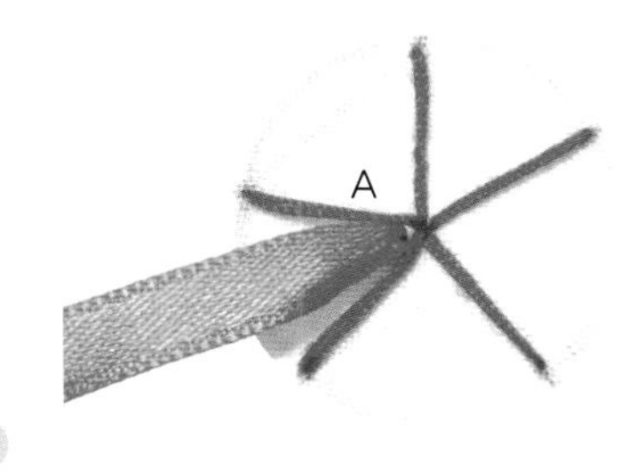

3

4

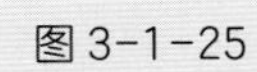
图 3-1-25

（1）先在绣布上画一个圆，平均分成 5 等份。针穿绣线，从圆心 A 点抽出，插入平分点 B 点；

（2）重复步骤 1，绣其他 4 个直针迹；

（3）针穿丝带，从 A 点附近抽出；

（4）沿着逆时针方向，将针压住第 1 个直针迹，穿过第 2 个直针迹；

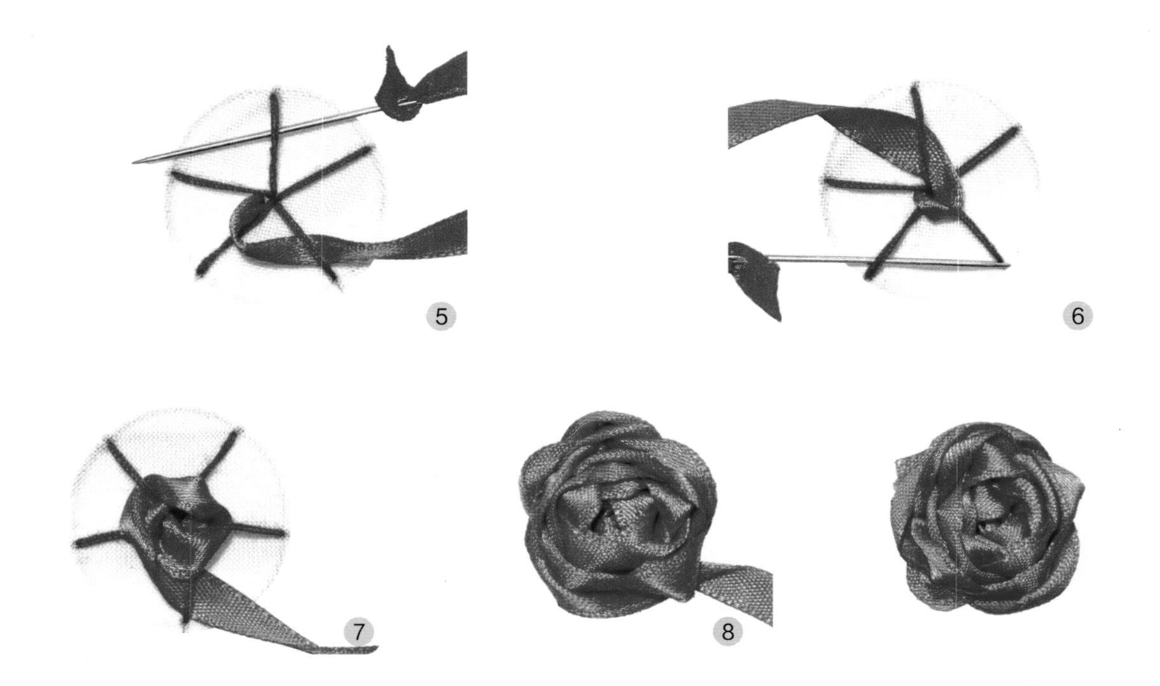

（5）以丝带穿出的一侧为起点，以逆时针方向，压住第 1 个直针迹，穿过第 2 个直针迹；

（6）重复步骤 5；

（7）重复上述步骤，沿着直针迹绕圈；

（8）重复上述步骤，将所有的直针迹绕完，将针插入背面；

（9）玫瑰花绣完。

小贴士

1. 所有丝带的宽度和种类不同，最后完成的效果也有所不同。

2. 线绣中的大部分针法同样适用于在丝带绣中，因为线质的不同效果完全不同。

3. 在丝带绣的技法中，要保证线迹的长度大于丝带的宽度，否则，丝带无法充分伸展开，看起来会显得更窄。

（三）珠片绣

一种传统的手工艺术，将各种珠子、亮片、纽扣、贝壳、人造宝石等，钉缝在基础面料上，并构成符合一定审美标准的图形（图 3-1-26）。

材料：珠子、亮片、针、绣线、绣布、绣框、剪子（图 3-1-27）。

图 3-1-26　珠片绣

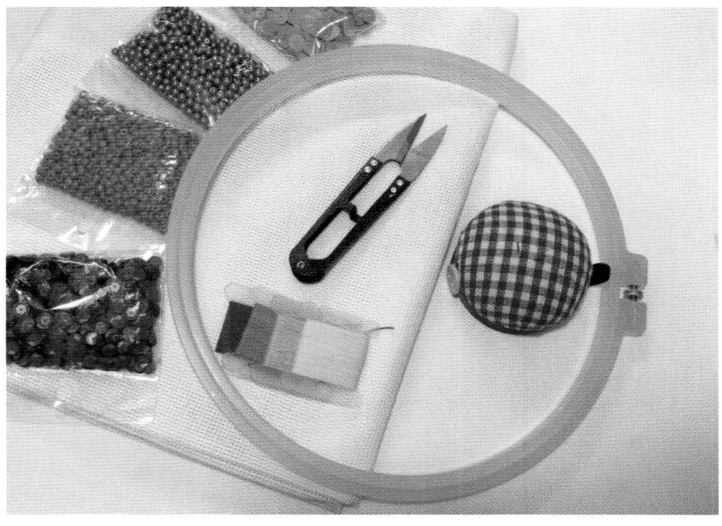

图 3-1-27　珠片绣材料

珠片绣常用方法：

1. 单个钉亮片绣（图 3-1-28）

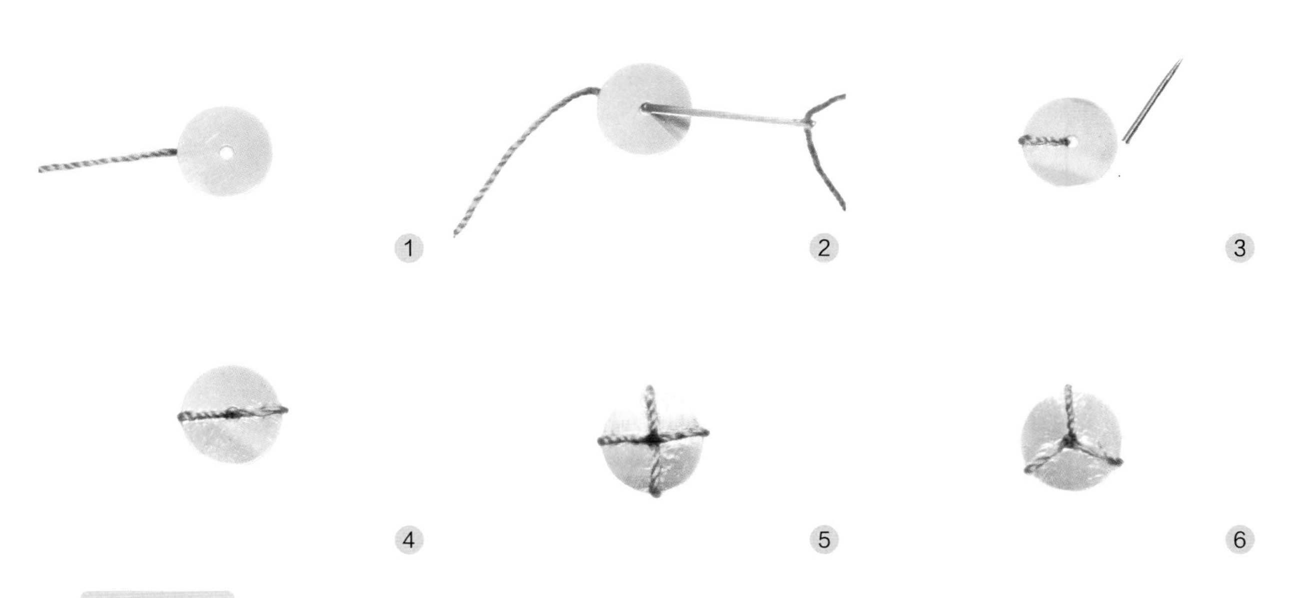

图 3-1-28

（1）将线尾打结，将针从亮片的一端抽出；

（2）将针从亮片的孔中插入绣布；

（3）把尾线拉过去，再从亮片的另一端抽出针；

（4）把尾线拉直，然后再把针从亮片中间的孔中插入，并在绣布背面打结，完成。

（5）其他方法：三线法。

（6）其他方法：四线法。

2. 回针钉亮片绣（图 3-1-29）

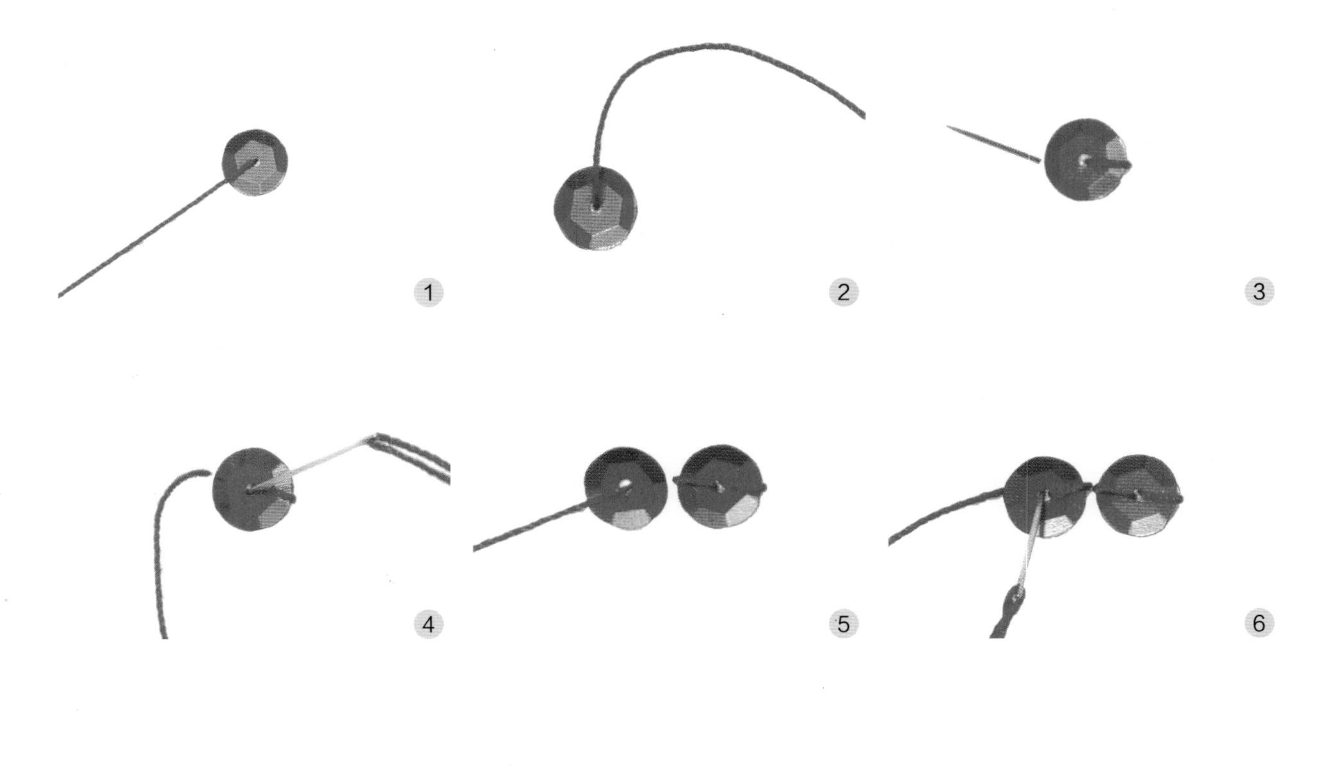

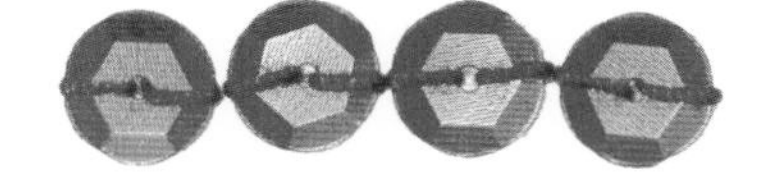

图 3-1-29

（1）将线尾打结，针从绣布背面刺入，将针穿过亮片中间的孔；

（2）在亮片右边将针插入绣布；

（3）抽针拉到线尾，从亮片左边抽出针；

（4）把线拉过去，再将针从亮片中间的孔中插入绣布；

（5）抽针拉线，将第二个亮片放在第一个亮片的左边，并将针从第二个亮片中间的孔中抽出；

（6）重复步骤 2、3、4，第二个亮片完成；

（7）继续用同样的方法绣亮片，在绣完最后一个亮片后，将线在绣布背面打结，完成。

3. 顺编钉亮片绣（图 3-1-30）

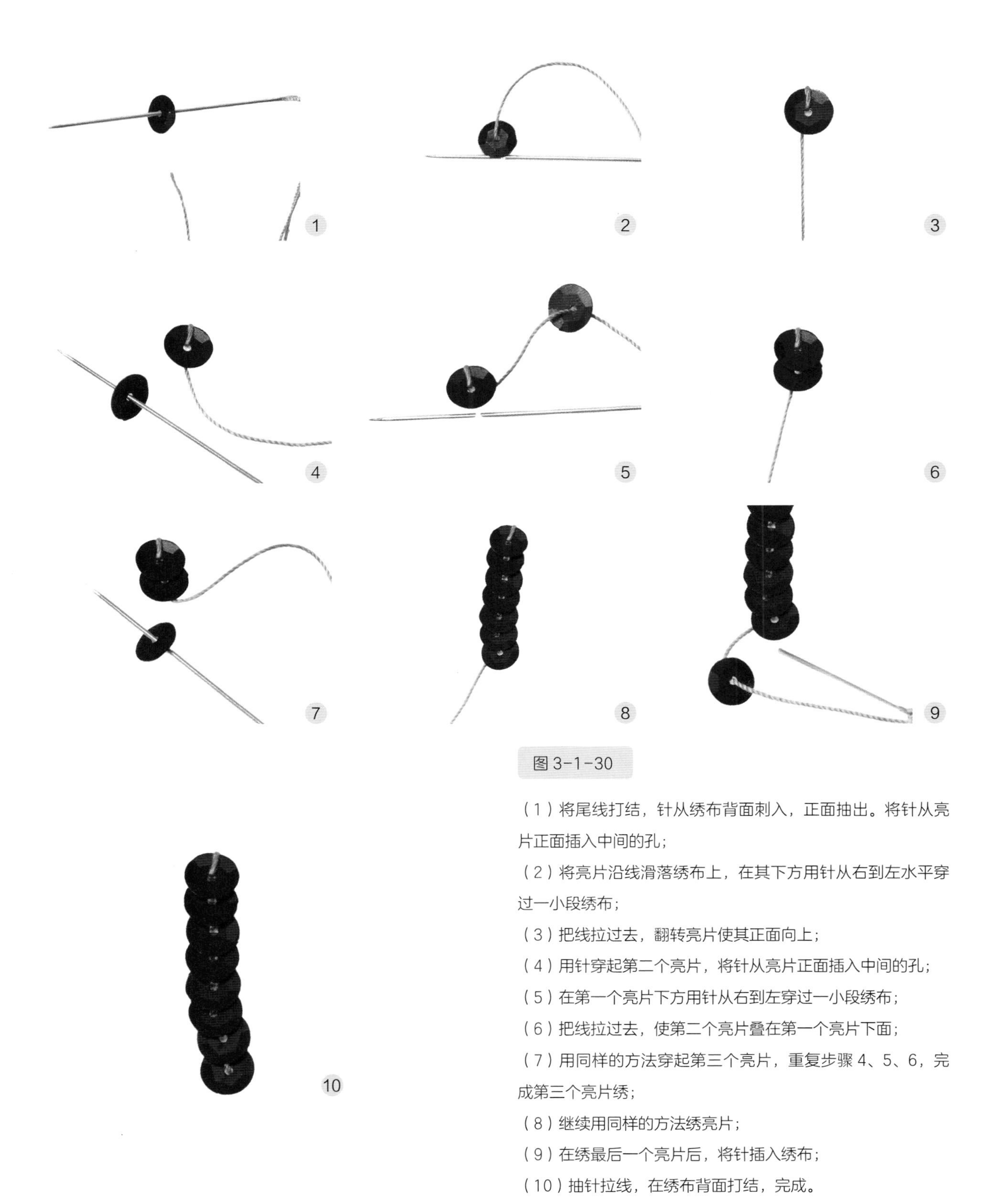

图 3-1-30

（1）将尾线打结，针从绣布背面刺入，正面抽出。将针从亮片正面插入中间的孔；

（2）将亮片沿线滑落绣布上，在其下方用针从右到左水平穿过一小段绣布；

（3）把线拉过去，翻转亮片使其正面向上；

（4）用针穿起第二个亮片，将针从亮片正面插入中间的孔；

（5）在第一个亮片下方用针从右到左穿过一小段绣布；

（6）把线拉过去，使第二个亮片叠在第一个亮片下面；

（7）用同样的方法穿起第三个亮片，重复步骤 4、5、6，完成第三个亮片绣；

（8）继续用同样的方法绣亮片；

（9）在绣最后一个亮片后，将针插入绣布；

（10）抽针拉线，在绣布背面打结，完成。

4. 立珠绣（图 3-1-31）

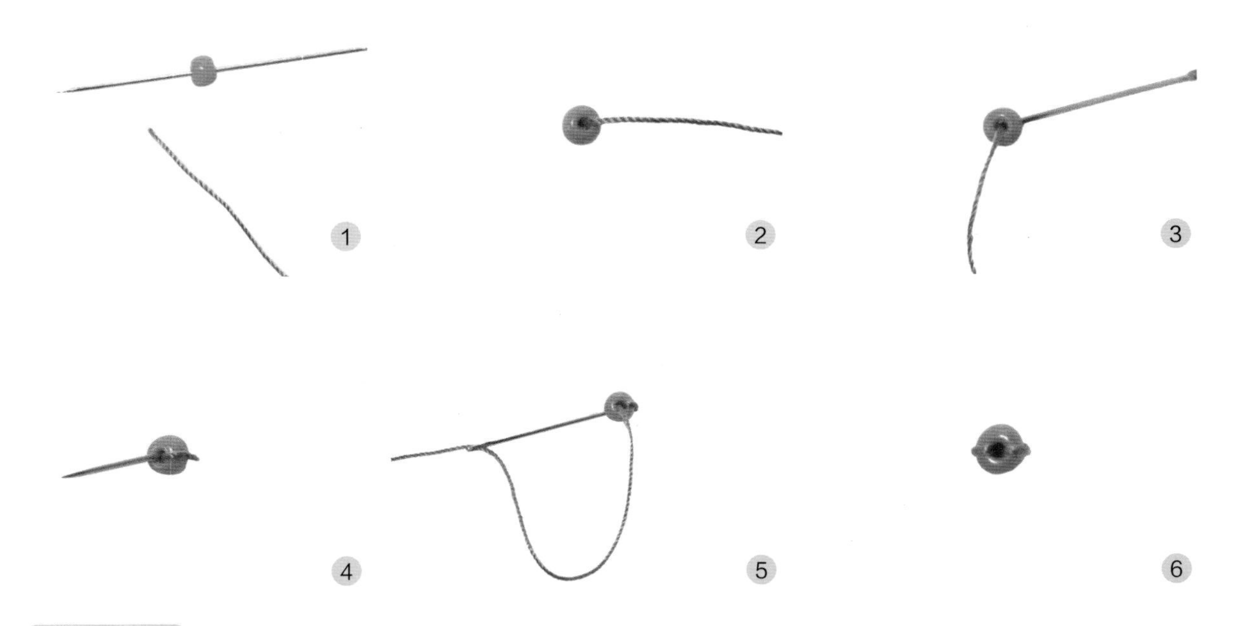

图 3-1-31

（1）将线尾打结，针从绣布背面刺入，正面抽出，并用针穿起 1 颗珠子；
（2）将珠子沿线滑落到绣布上，将珠孔朝上；
（3）在珠子的一边贴着珠子把针刺入绣布；
（4）抽针拉尾线，再从珠孔中把针穿出来；
（5）抽针拉线，贴着珠子的另一边再把针刺入绣布；
（6）抽针拉尾线，珠孔向上，珠子立在绣布上，完成。

5. 回针钉珠绣（图 3-1-32）

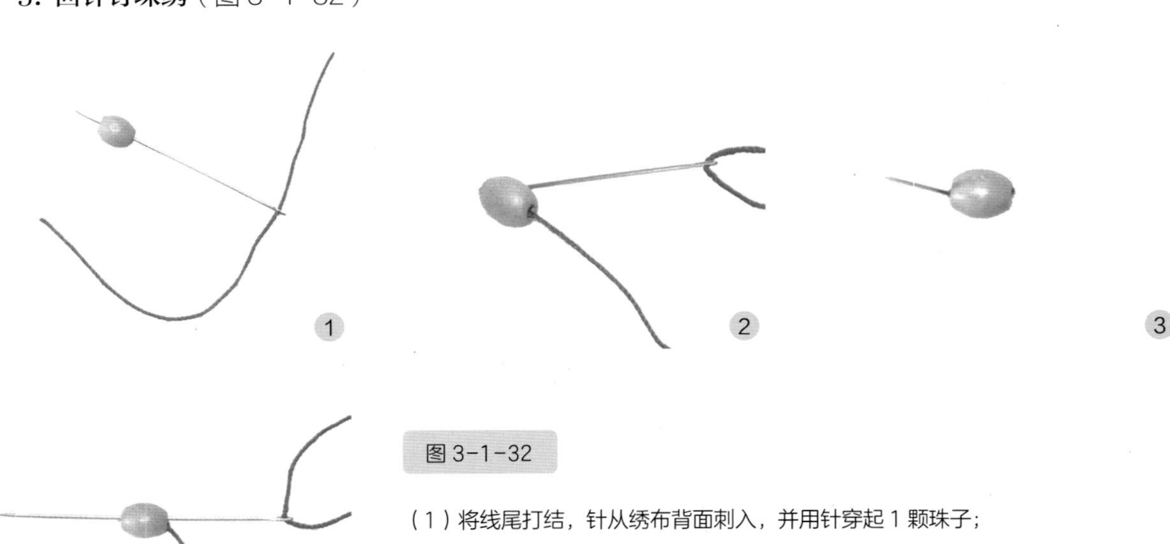

图 3-1-32

（1）将线尾打结，针从绣布背面刺入，并用针穿起 1 颗珠子；
（2）将珠子沿线滑落到绣布上，然后在珠子的另一端把针插入绣布；
（3）抽针拉尾线，从起点处再把针刺入正面；
（4）再将针穿过珠子；

（5）拉紧线，用针穿过第二颗珠子，然后贴珠子外端把针刺入绣布；
（6）拉紧线，再从两颗珠子中间把针抽出；
（7）把针穿过第二颗珠子，拉紧线并穿起第三颗珠子；
（8）重复上述步骤绣珠子，直到绣完最后一颗珠子，把针插入绣布，在背面打结收针，完成。

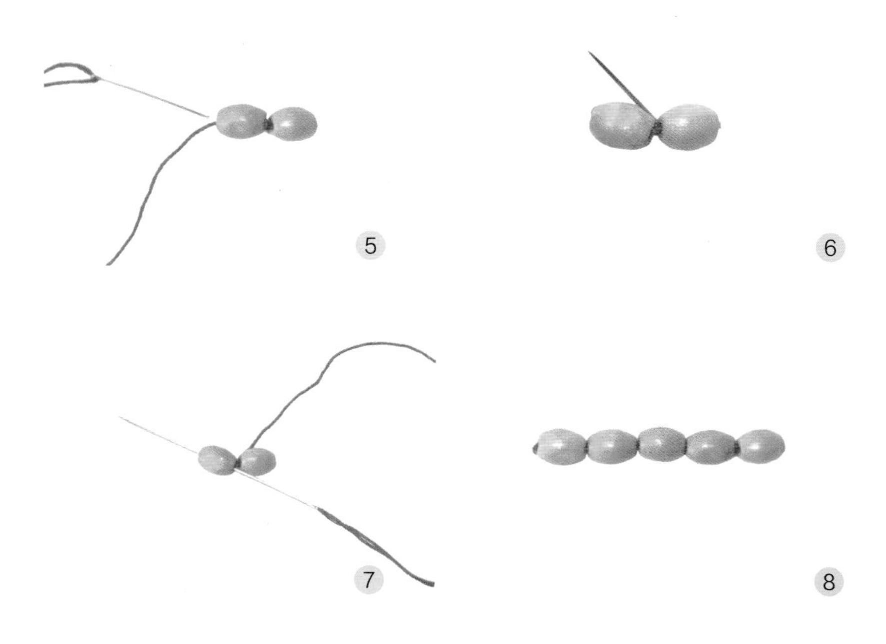

6. 双针钉珠贴线绣（图 3-1-33）

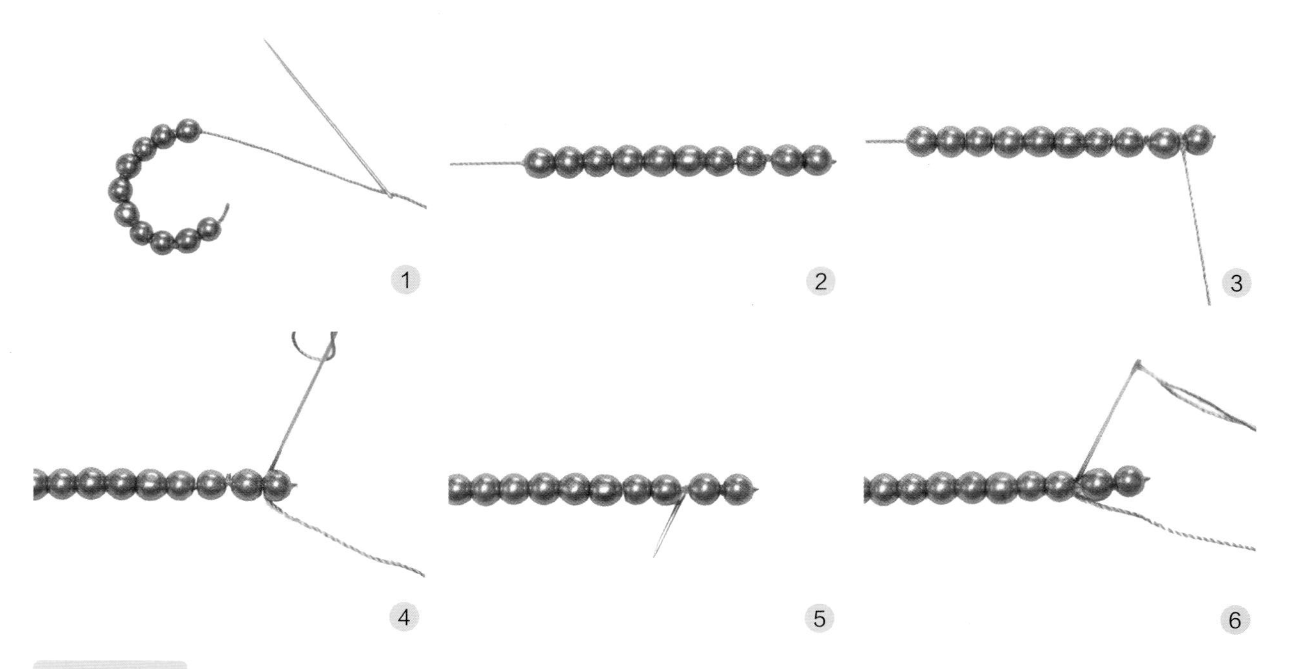

图 3-1-33

（1）将线尾打结，针从绣布背面刺入，并用针穿上所需数量的所有珠子；
（2）把线拉直，使珠子滑落到绣布上并放平；
（3）在绣布背面用另一根线打结，并将针从第一颗和第二颗珠子中间抽出；
（4）将穿绣线的针绕到串珠线迹另一边，从第一和第二颗珠子之间将针插入绣布；
（5）抽针拉尾线，再从第二颗和第三颗珠子中间抽出针；
（6）绕到串珠线迹另一边，从第二和第三颗珠子之间插入绣布；

7

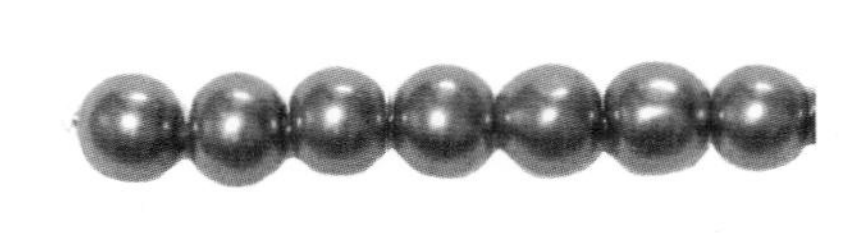
8

（7）抽针拉线，用同样的方法走针，在完成前，把穿珠串的针插入绣布背面。抽针拉尾线并打结；

（8）当穿绣线的针完成最后一针时，将针插入绣布并在背面打结收针，完成。

7. 珠片叠绣（图3-1-34）

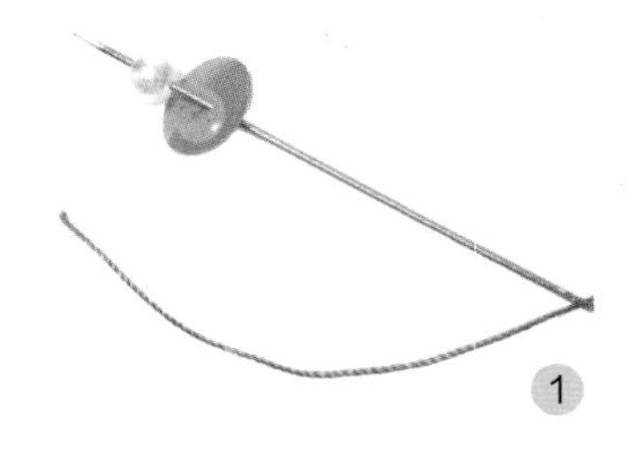
1

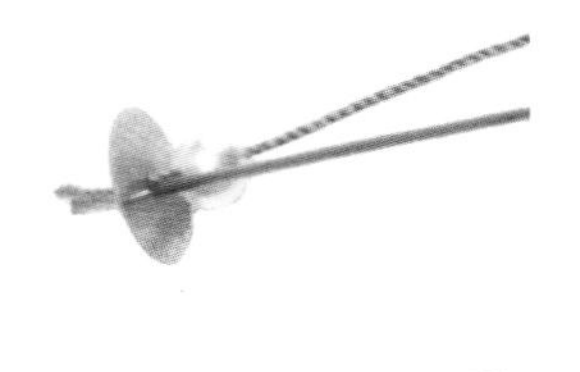
2

3

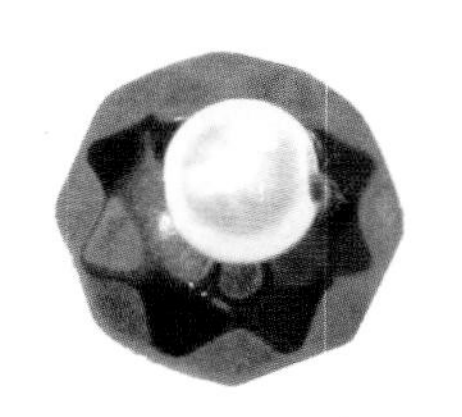
4

图3-1-34

（1）将线尾打结，针从绣布背面刺入正面抽出，并用针穿起一个亮片和一颗珠子；

（2）将珠子沿线滑落到绣布上，把针反穿过第一个亮片后插入绣布；

（3）在绣布背面抽针拉线，并打结收针；

（4）还可以使用大珠子代替亮片。

小贴士

1. 选择绣线要注意，绣线的颜色要和所用布料的颜色一致，但有时选择不同颜色的绣线也会起到有趣的反差效果。

2. 珠片绣所用面料要能够承受得住将要绣上的所有珠子的重量。在缝制时，可以加一些衬布使布料更加结实。对于较薄的布料，可以通过在其背面加网使它变得结实。

二、绗缝法

具有保温和装饰的两种功能，在两片之间均匀的加入填充材料后再缉明线。很多设计师将绗缝法应用于服装设计中，用以固定和装饰，产生浮雕图案的效果。

材料：素色棉布（表布）、白棉布（里布）、面状填充棉、大头钉、针、线、缝纫机、剪刀（图3-1-35）。

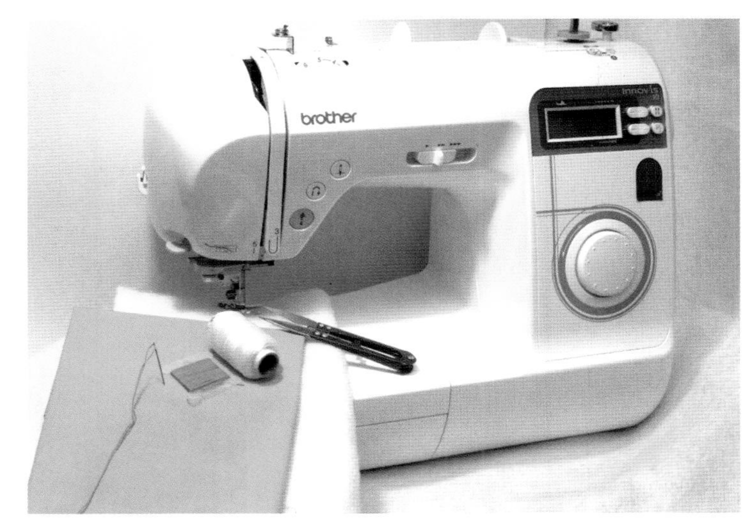

图3-1-35 材料

制作步骤（图3-1-36）：

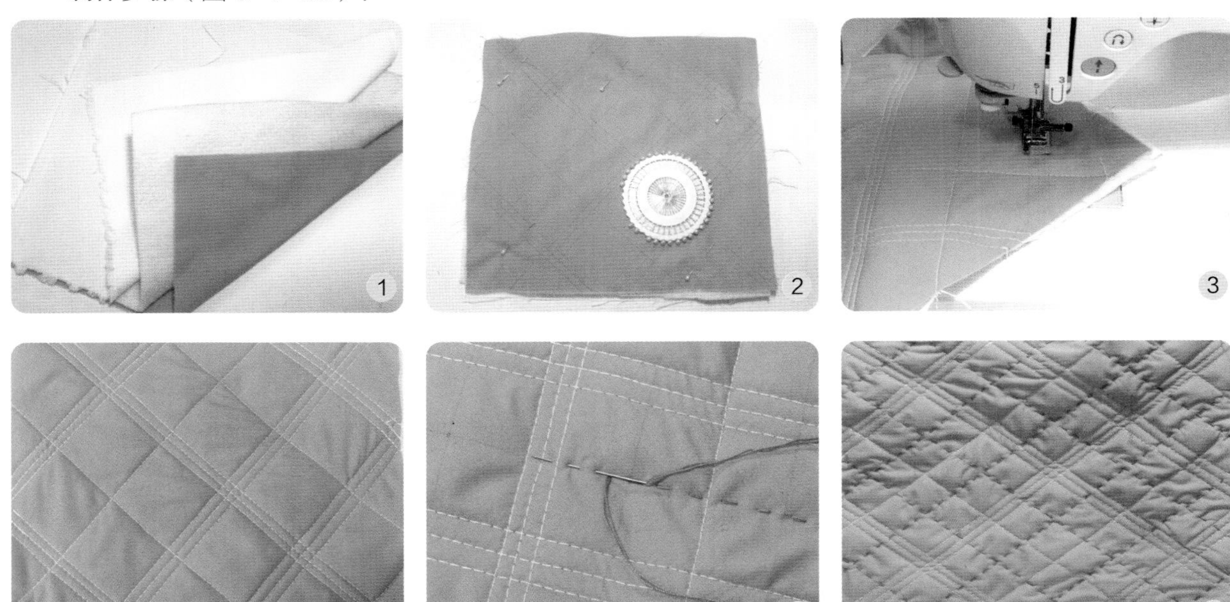

图3-1-36

（1）在两层棉布中间塞入填充棉；

（2）设计绗缝图案，将夹着填充棉的两层面料用大头钉固定；

（3）沿图案边缘轮廓，用缝纫机车缝出格子图案；

（4）车缝图案完成效果；

（5）用手针穿草绿色绣线，用拱针法在格子中线上绣出针迹；

（6）完成图效果。

小贴士

1. 绗缝应选择平滑、柔软、质地紧密的面料。最适合的面料是棉布、亚麻布、毛毡、缎子或双绉。

2. 绗缝时的缝纫线要强韧。

3. 无论手缝还是车缝，都要注意张力平均，面料保持平整。

三、贴花法

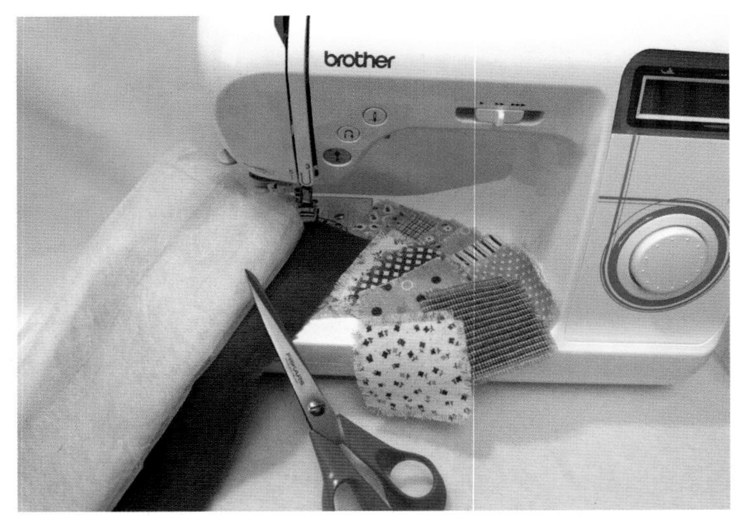

图 3-1-37　材料

在表布上将各种形状、色彩、质地、纹样的布片组合成新的图案后贴缝固定的技法。布片的质地扮演着重要的角色，可以创造出特殊的效果。

材料：各色小花布组、帆布（基布）、无纺衬、大头钉、熨斗、缝纫机、剪刀（图 3-1-37）。

制作步骤（图 3-1-38）：

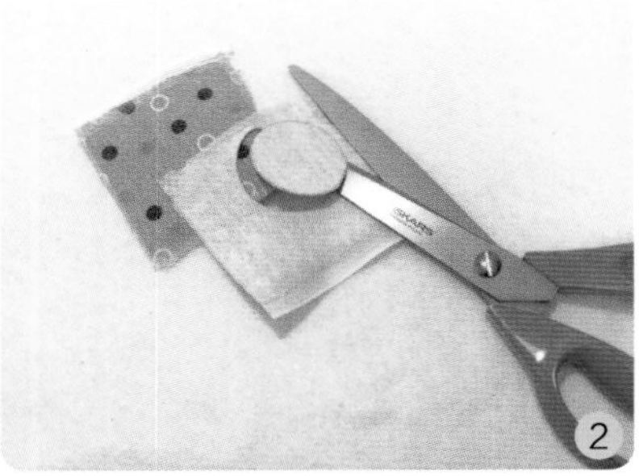

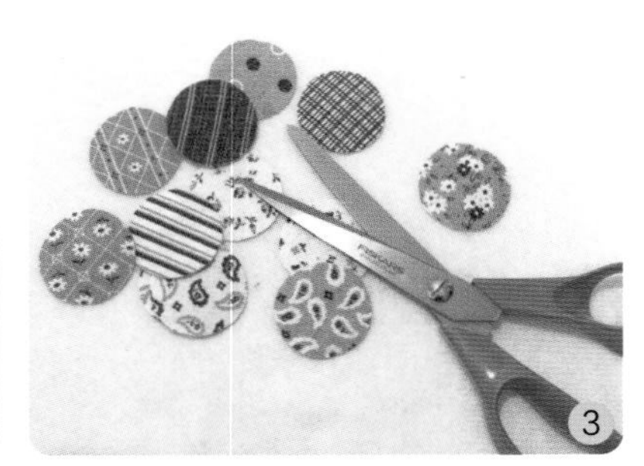

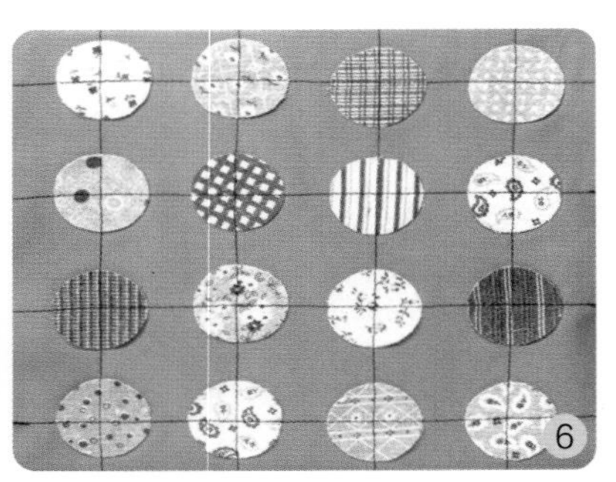

图 3-1-38

（1）将花布组裁成小块，贴上黏合衬；
（2）将贴好黏合衬的小布块裁成需要的圆形；
（3）裁好的各种圆形花色布块；
（4）将圆形布块在帆布上组合排列，并用大头钉固定排列顺序；
（5）用缝纫机将排列好的布块车缝固定；
（6）完成图效果。

小贴士

1. 剪好的布片固定在表布上以后，可以进行手工绣缝，平针绣、回针绣、锁针绣或锁边绣是最常用的针法。

2. 将贴花图案的布片加入填充棉，边缘进行锁缝，然后再缝到表布上，就可以创造出浮凸的效果。

3. 可以将印花面料中的印花图案直接剪下贴绣在表布上。

四、叠加法

将一种或多种材料反复交叠，相互渗透，使其在纹样色彩交错中产生梦幻般神秘的美感。

材料: 四种不颜色的面料、大头钉、水消笔、尺子、缝纫机、剪刀、铜丝刷（图 3-1-39）。

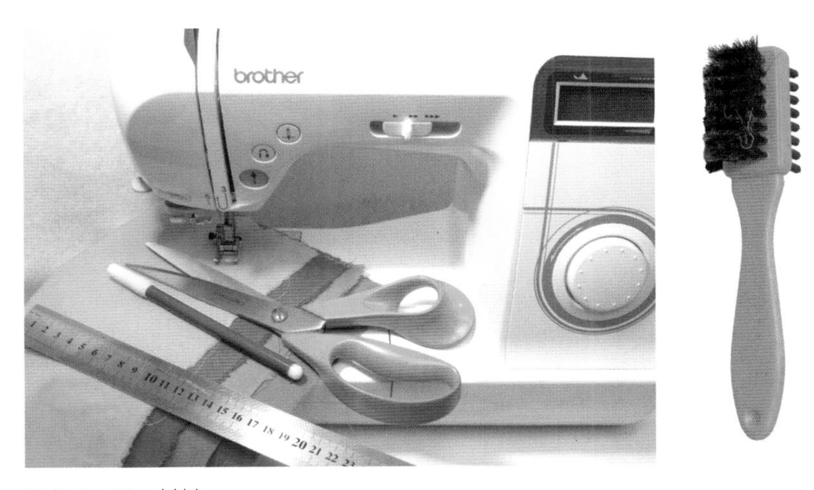

图 3-1-39 材料

制作步骤（图 3-1-40）：

图 3-1-40

（1）将四种颜色的面料裁成大小相同的正方形；

（2）设计一个叠加顺序排列四种颜色的面料，并用大头钉固定；

（3）将面料倾斜 45 度，从正方形面料对角线从上到下每隔 3 厘米画一条横线；

（4）用缝纫机沿着画好的线将四色面料一起进行车缝；

（5）每隔 3 厘米宽的中间用剪刀剪开；

（6）用铜刷沿着剪开的面料边缘从上到下梳理。

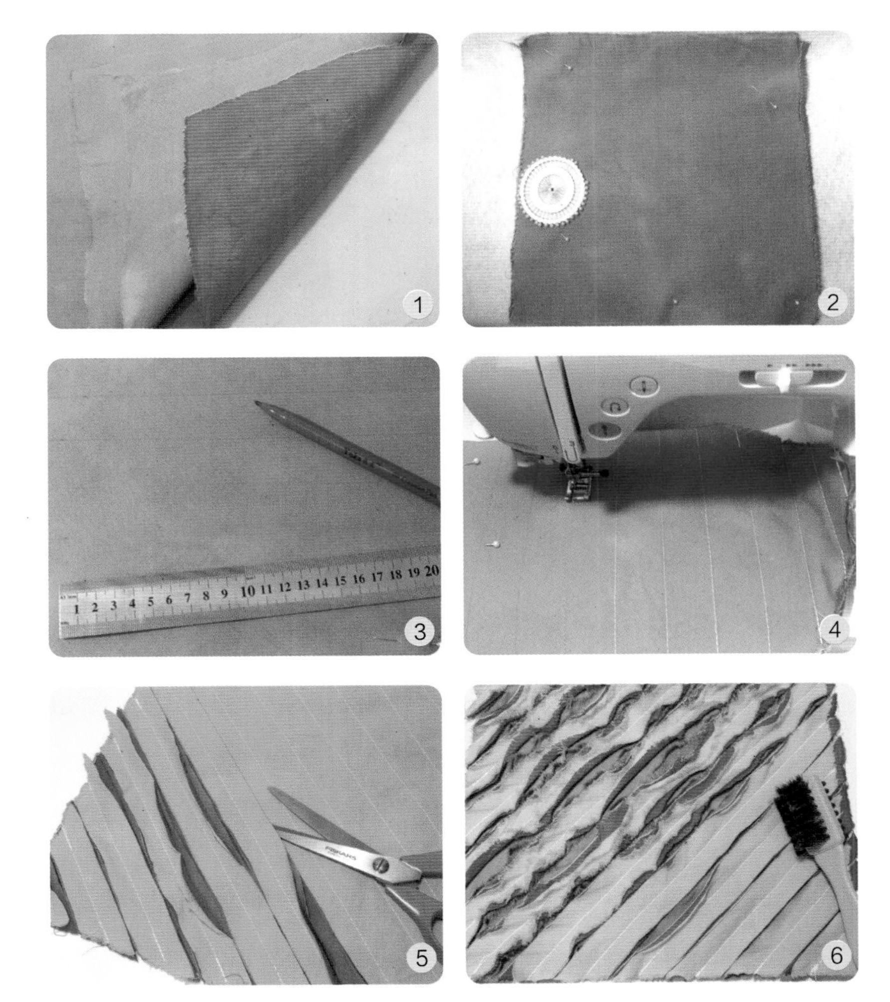

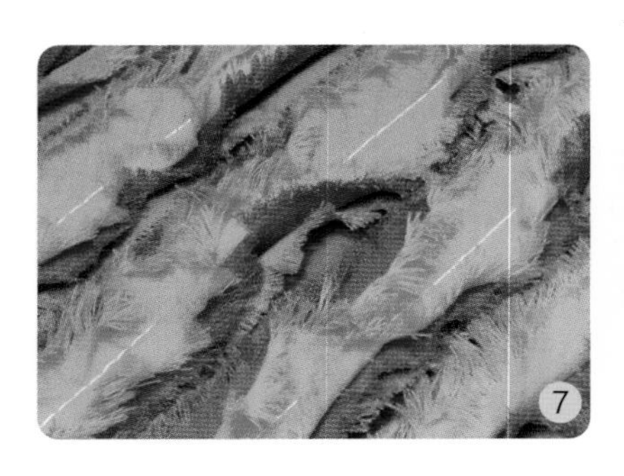

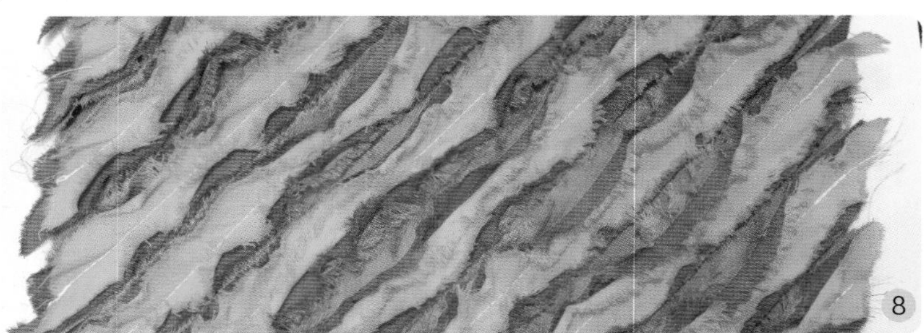

（7）直到边缘出现毛边；

（8）不同颜色面料的叠加制作完成。

小贴士

市场上的面料种类繁多。透明面料之间的叠加、不透明面料之间的叠加、透明与不透明面料之间的叠加，同时面料的材质、色彩、形状及前后关系的排列顺序都会使设计呈现不同的视觉效果，这就需要设计者不断地尝试与积累经验，才能更好地体现服装材料的特性。

五、印染

蜡染又称“蜡防”，是用蜡进行防染的印染方法。将熔化的蜡液用绘蜡或印蜡工具涂绘或印在面料上，蜡液在面料上冷却并形成纹样，然后将绘蜡或印蜡的织物放在染液中染色，织物上绘蜡或印蜡的纤维部分被蜡层覆盖，染液不能够渗入，因而不被染色，其他没有绘蜡或印蜡的部位则被染料着色。染色时由于搅动，蜡花开裂，染液顺着裂缝渗透，留下人工难以描绘的自然冰纹，再经过加温去蜡、漂洗后形成图案。

扎染是我国的传统印染技法之一，它是利用线、绳等工具，将待染材料以不同的扎结方法扎制，然后经过浸水、染色、解扎、整烫等工序而形成自然的由深到浅的色晕效果。扎制图案的形成取决于扎制方法，不同的扎制技法得到不同的扎染效果，或清晰，或朦胧，或写实，或抽象。常用的扎染技法有缝扎法、捆扎法、夹扎法、包扎法等，这些技法可以单独使用，也可综合运用。

材料：染料、盐、白棉布、线绳、剪刀、煮锅、电磁炉（图 3-1-41）。

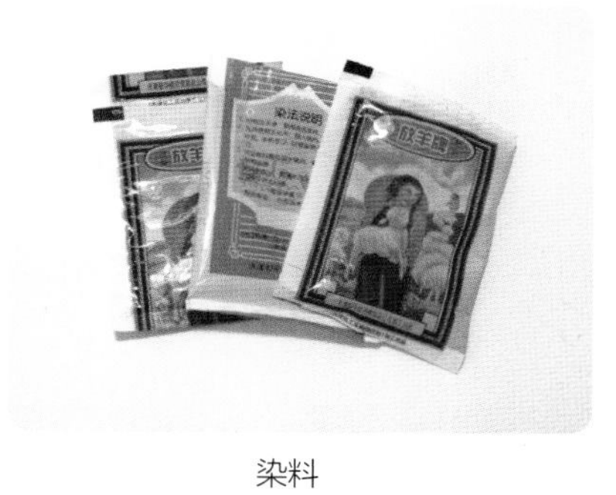
染料

盐

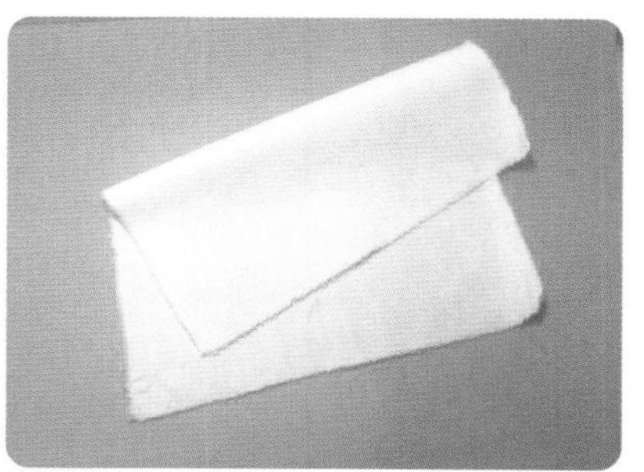
白棉布

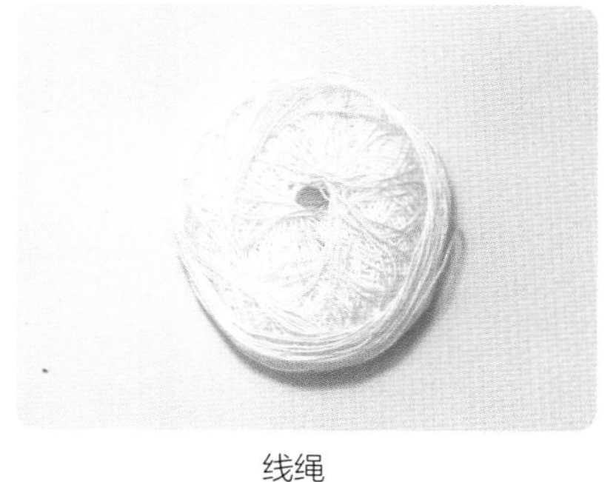
线绳

剪刀

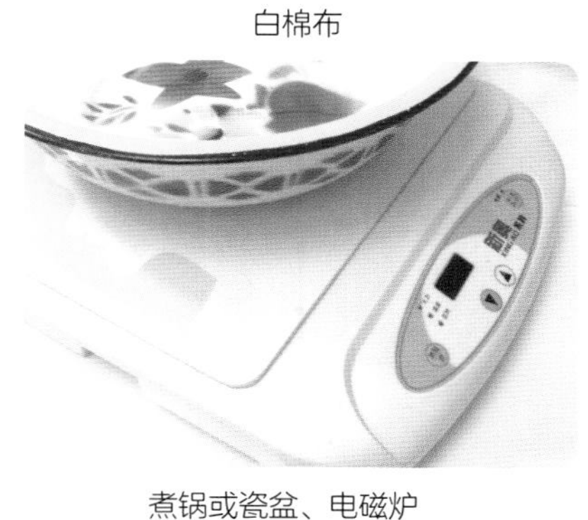
煮锅或瓷盆、电磁炉

图 3-1-41　扎染材料

制作步骤（图 3-1-42）：

图 3-1-42

（1）捆扎：在面料上揪起一点，攥紧；

（2）用线绳缠绕，绕线越多，塔形越大；

（3）可以根据个人喜好选择扎多扎少。扎得越结实越密，颜色越少进入，也就越多留白，图案比较清晰；

（4）煮染前将织物在凉水中浸泡 30 分钟，否则染液浸渗过猛，会造成阻染不匀；

（5）在锅中倒入能没过布料的水，放入盐和染料，放入比例见染料说明，或由个人对色彩浓度的偏好自由掌握。将织物放于染液中，逐渐升温，并不断翻动，使之均匀受色，煮染 30 分钟，直到沸点；

（6）将染好的织物捞出，放入干净的水中洗净浮色；

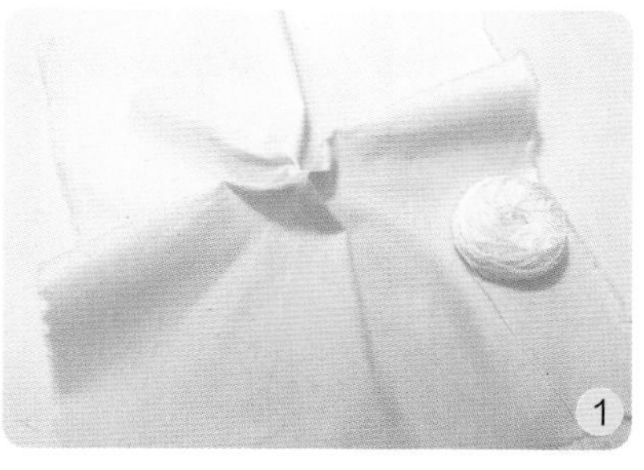

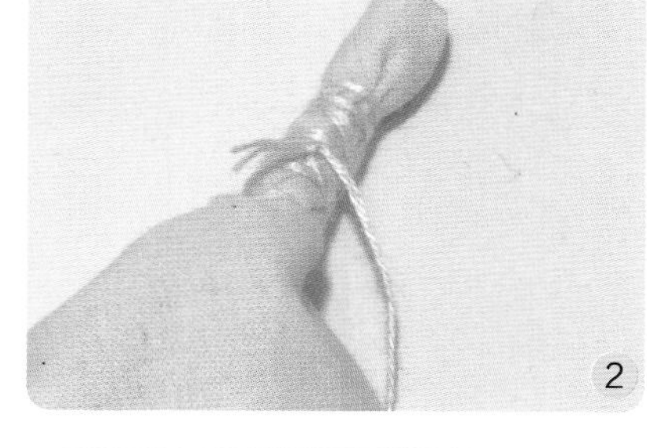

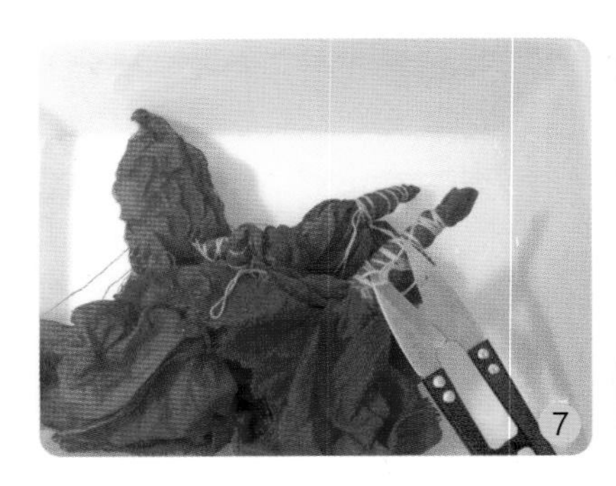
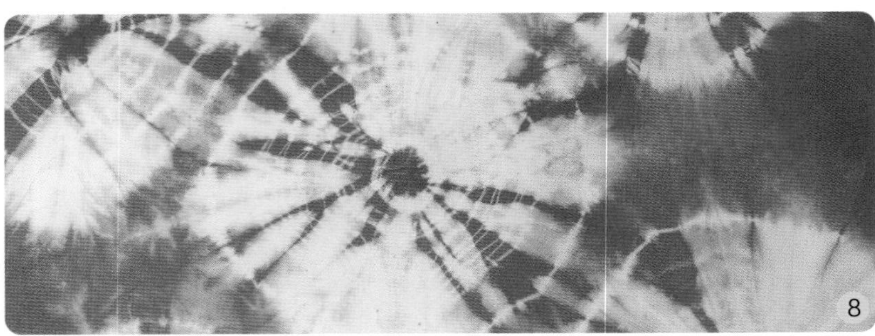

（7）用剪子剪开绳结，展开布料；

（8）晾干即可，注意不要暴晒，否则容易脱色，图为扎染完成效果。

小贴士

1. 对于有具体图案要求的，首先要用铅笔在布料上画出图案，然后“绗缝”，所谓的绗缝就是用针沿铅笔的轨迹，缝出大概的样子，每一针之间的行距越小，精确度越高。在绗缝完以后将线抽死抽紧，打结固定。

2. 在扎制过程中，关键是松紧和疏密程度的把握：为了使花纹轮廓清晰，扎结时要收紧，但为了丰富纹样的变化，也可在紧扎中利用拉力松紧的差异，形成染色渗透的不同变化，使花纹具有深厚的层次和虚实变化。

3. 想要染出多种颜色重叠的效果，可以先染上浅色，将绳子打开后重新扎，需要保留的颜色用绳子多捆几下后，再去染深色。反之则不容易为重叠部分上色。

4. 可采用色彩勾兑法。例如：绿色由黄 90% 和蓝 10% 勾兑；葡萄紫色由蓝 80% 和红 20% 勾兑；橘色由黄 70% 和红 30% 勾兑。

六、拼接法

将不同面料拼接起来组成另一块面料的方法。面料可以随意地缝在一起，也可以按几何形状拼接在一起，面料的选择和排列的方式就是设计所在。

材料：蓝色棉布、米色麻布、各种蕾丝花边、剪刀、大头钉、针、线、缝纫机（图 3-1-43）。

图 3-1-43　材料

制作步骤（图 3-1-44）：

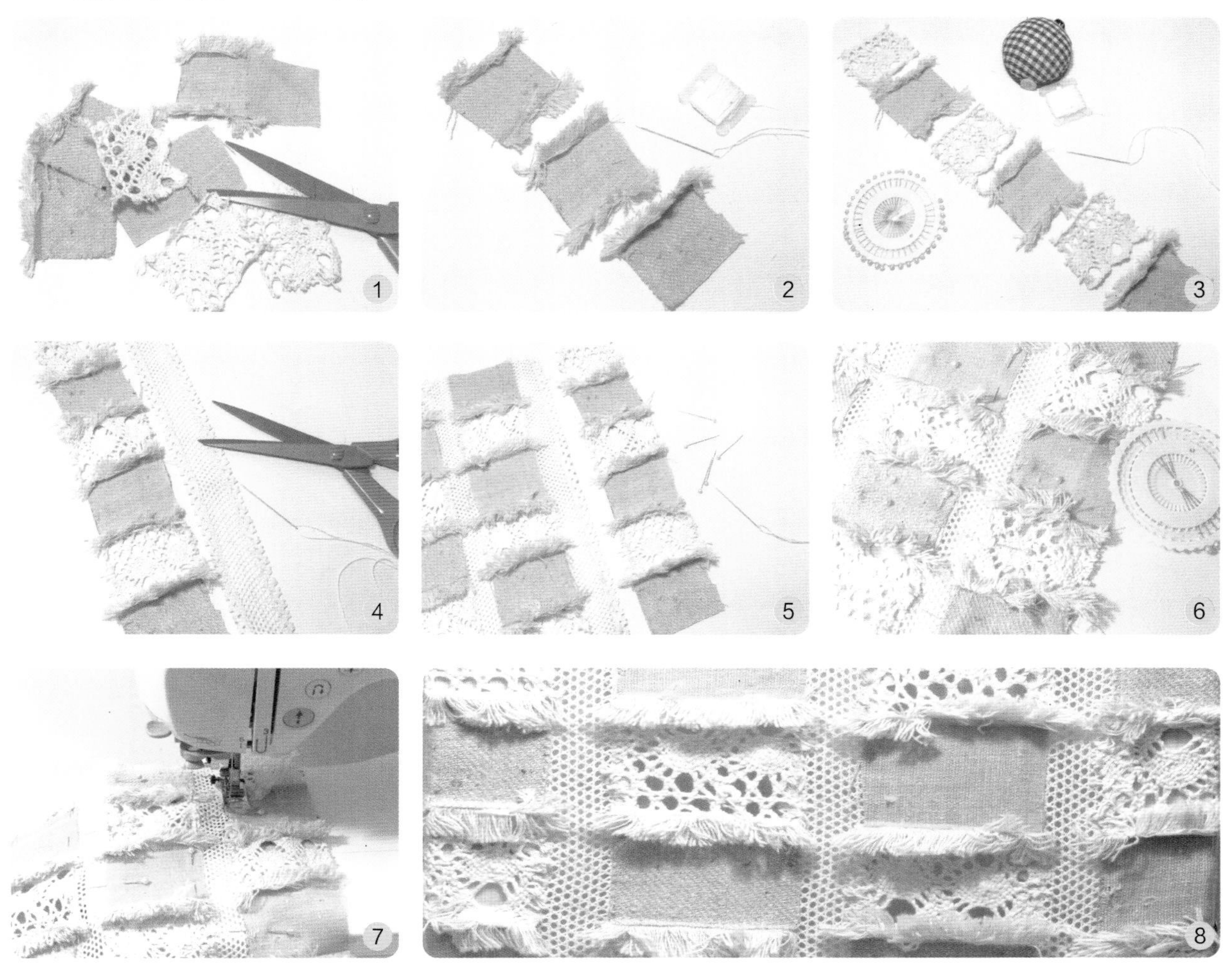

图 3-1-44

（1）先将面料、蕾丝花边剪成相同大小的长方形；

（2）将穗状花边缝在裁好的棉布和麻布边缘上；

（3）将裁好的蕾丝边、棉布和麻布按一定顺序相互间隔排列成条状，把拼接好的面料之间缝合固定，用相同的方法做出四条拼接面料；

（4）将另外一种网格花边剪成需要的长度；

（5）把四条拼接面料与网状花边再次拼接；

（6）用大头钉固定；

（7）用缝纫机车缝固定所用面料之间的连接处；

（8）拼接面料完成。

小贴士

1. 任何面料都可以拼在一起，但是混合使用时最好选择质地与重量相仿的，拼接后容易平顺。

2. 拼接所用的面料应剪成特定的形状，让彼此可以完全连接，拼凑出图案或整块面料。

第二节 减法设计

一、镂空法

在原有织物上有意识地做出空洞的效果，根据设计需要可以在面料表面，用剪刀剪、刀切、手撕、火烧、打磨，甚至化学制剂腐蚀等方法都可以将面料分出层次，使面料具有深陷和凸起的厚重感。

（一）烧烫法

材料：电力纺、香、打火机、绣框（图3-2-1）。

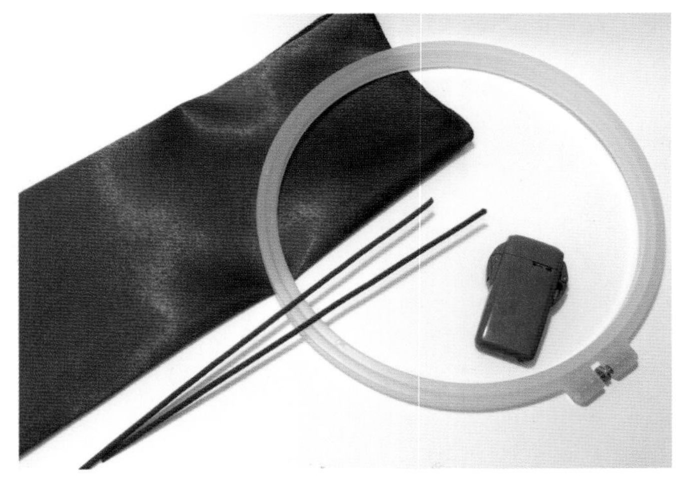

图3-2-1 材料

制作步骤（图3-2-2）：

图3-2-2

（1）将面料用绣框绷紧；

（2）打火机将香点燃；

（3）设计图案，用点燃的香在面料上烧出空洞；

（4）大小形状不同的空洞经过组合形成所设计的图案；

（5）香烧后形成的镂空图案。

（二）剪切打孔法

材料：皮革、剪刀、锤子、冲子（打眼器具）、笔（图3-2-3）。

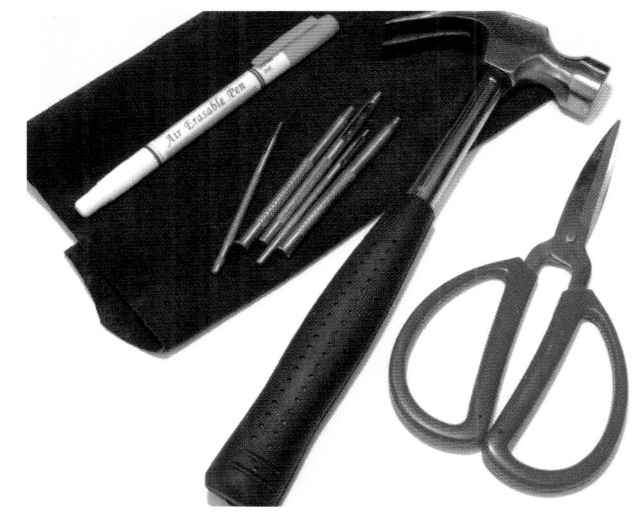

图3-2-3　材料

制作步骤（图3-2-4）：

图3-2-4

（1）在皮革上设计图案；

（2）用剪刀在皮革上剪出花型；

（3）用冲子凿出圆孔形状；

（4）完成后的镂空效果。

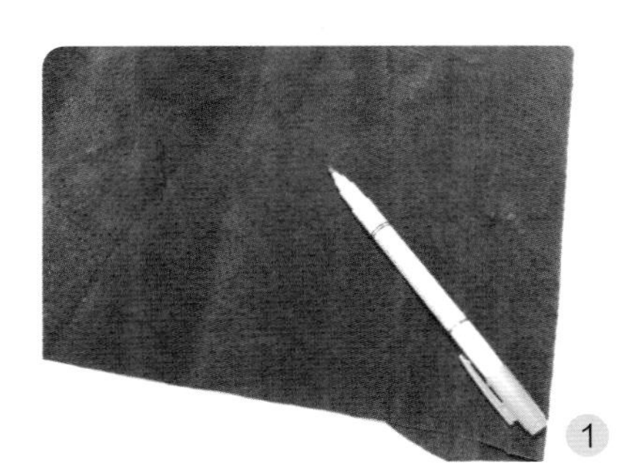

小贴士

根据服装面料的不同特性来制作镂空图案时，面料边缘可采用不同的处理方式。

二、剪切法

将材料通过剪、切、撕、磨等手段，改变面料的结构特征，使原来的面料产生不同程度的立体感。

材料：毛呢面料、剪刀、水消笔、缝纫机（图 3-2-5）。

图 3-2-5　材料

制作步骤（图 3-2-6）：

图 3-2-6

（1）先在面料上画出间距 3.5 厘米的横线；

（2）用缝纫机沿画好的线车缝固定在底布上；

（3）车缝在底布上的波浪褶皱；

（4）用剪刀将凸出部分褶皱剪切，间距根据设计需要，尽可能剪到底，注意不要剪破底布；

（5）全部剪切完成后的效果。

小贴士

在处理针织、薄纱等面料时，被剪切面料边缘容易发生脱散，故应将剪切面料的边缘进行包缝或烧烫卷边处理。

三、抽纱法

将面料的经纱或纬纱按一定的格式抽出，形成透底的一些格子或线条，在抽掉纬线的边缘处可作拉毛边装饰。如在底层衬托一种不同色彩的里布，则可产生意想不到的视觉效果。

材料：亚麻面料、剪刀、粗针、水消笔（图 3-2-7）。

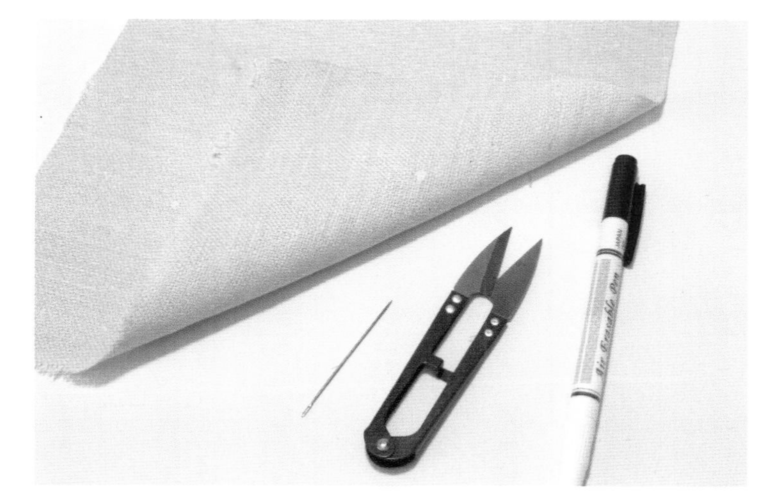

图 3-2-7　材料

制作步骤（图 3-2-8）：

图 3-2-8

（1）先设计抽纱图案，用粗针挑起一根纬线；

（2）将挑起的纬线抽紧，从面料中彻底抽出；

（3）根据设计需要可以抽出一定宽度；

（4）纬线部分完成；

（5）再继续用粗针挑起一根经线；

（6）将挑起的经线抽紧，抽出；

（7）重复步骤 5、6，直到得到满意的效果。底层衬托黑色里布，抽纱效果更突出。

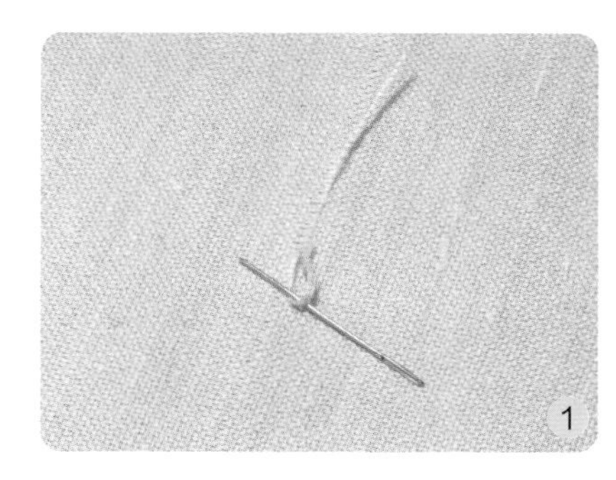

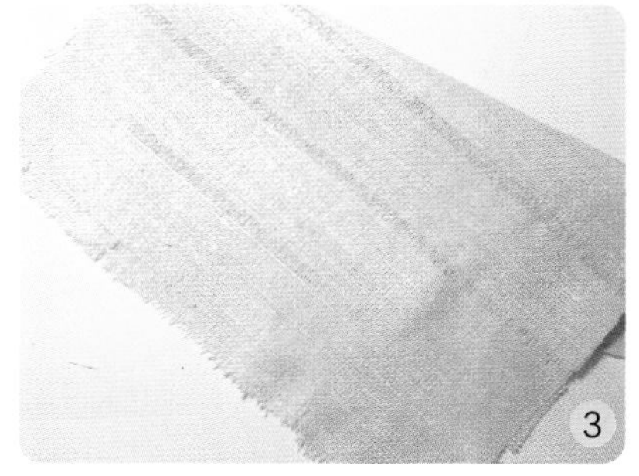

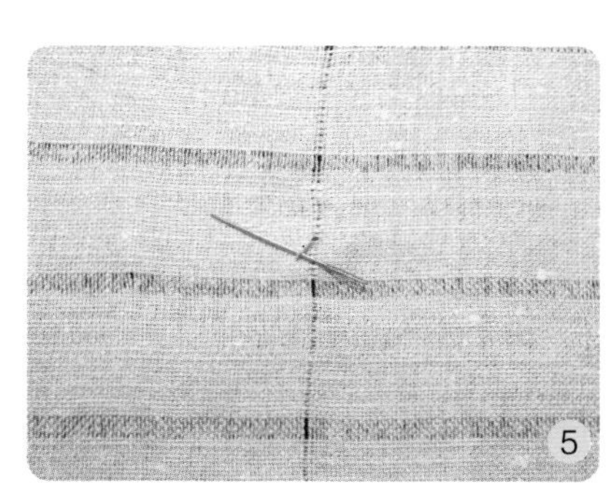

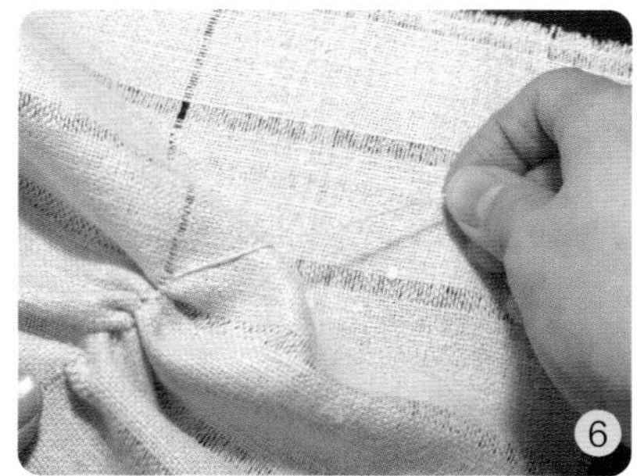

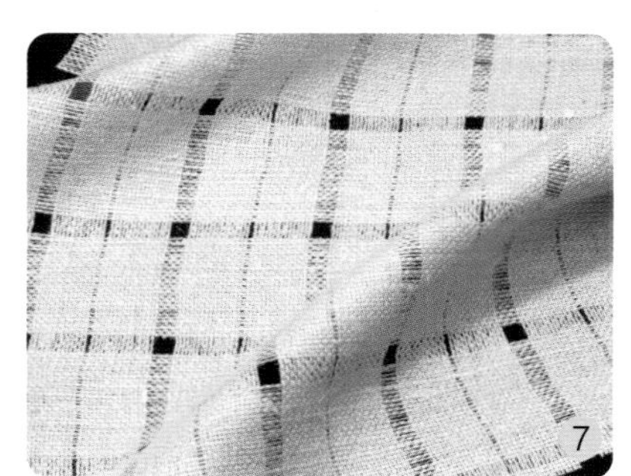

小贴士

不是所有的面料都可以做抽纱处理，采用平纹编织的面料如麻、棉、纱等比较适合，而无纺布就不能抽纱。

第三节 立体造型设计

一、褶皱法

褶皱法通常是将面料通过挤、压、拧等外力作用产生各种形式和效果的褶纹，成型后再定型完成。由于有褶皱，所以平面的面料变得立体，带有伸缩性，使服装产生美感、动感、量感。打褶的手法分为有规律的褶皱、无规律的褶皱、机械褶皱、手工褶皱，不同的打褶方式使面料产生不同的视觉效果。

（一）手工银锭褶皱

材料：素色面料、线、手针、水消笔、尺子（图 3-3-1）。

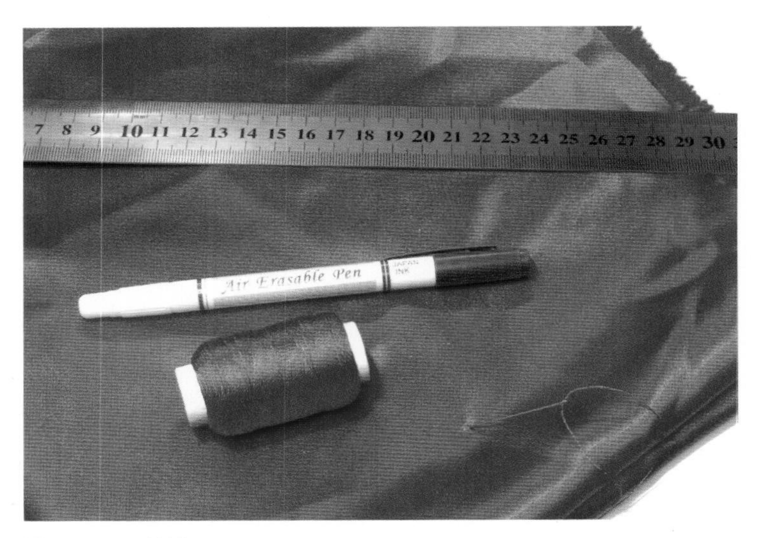

图 3-3-1　材料

制作步骤（图 3-3-2）：

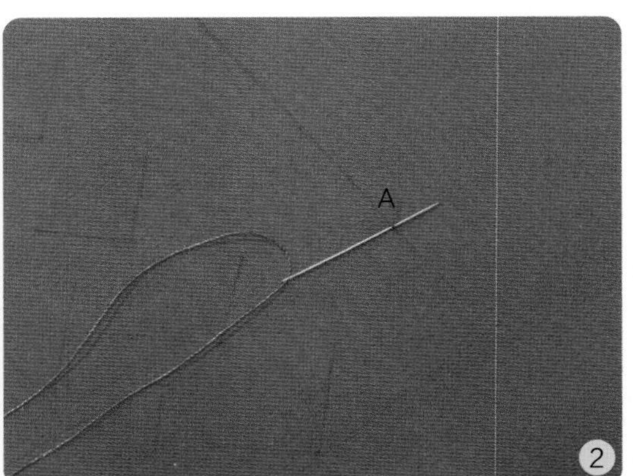

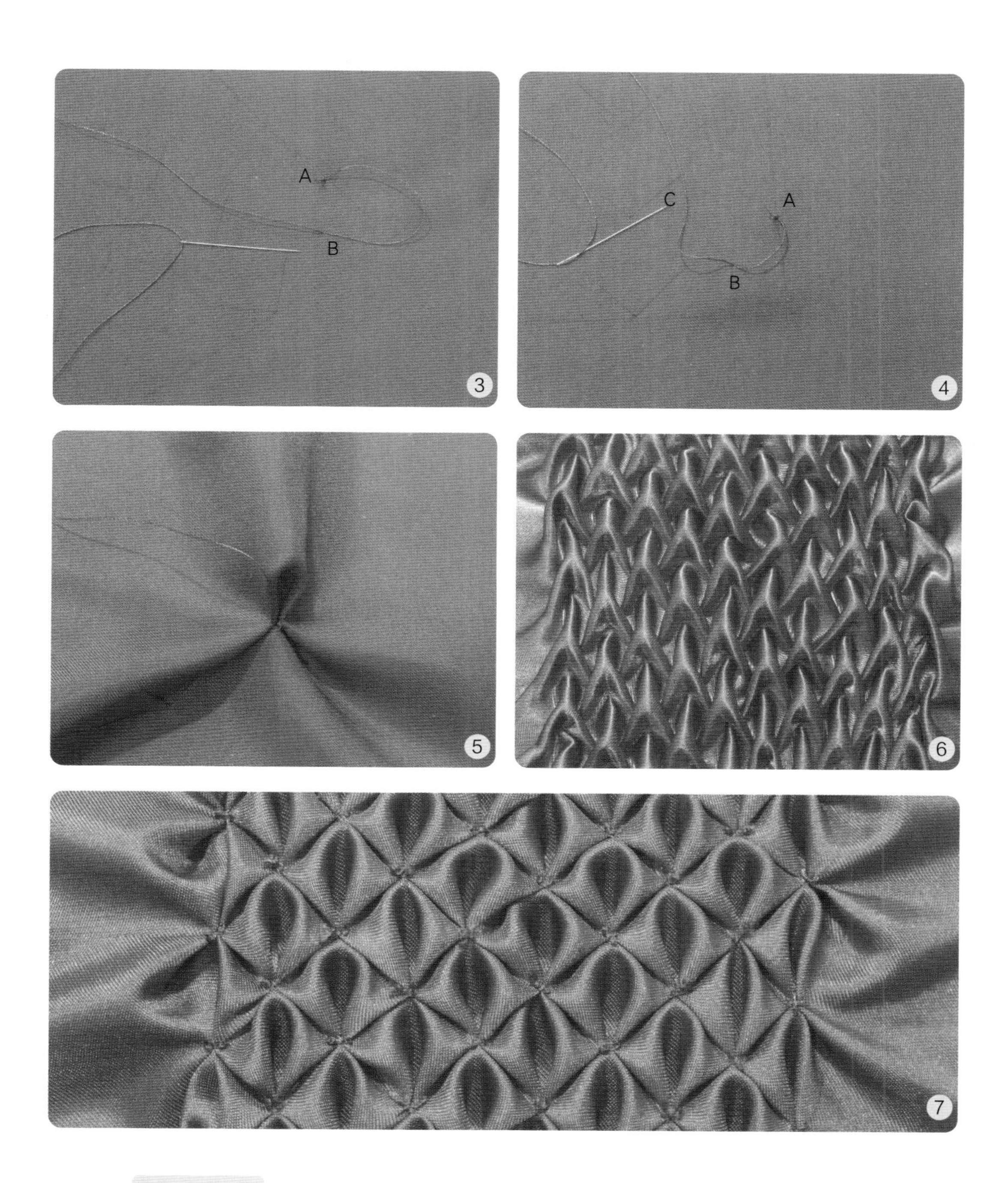

图 3-3-2

（1）先在面料上画出排列的点和折线；

（2）用针挑起折线的一个起点 A；

（3）用针再挑起折线的折点 B；

（4）再按顺序挑起折线的终点 C；

（5）用线将 3 点抽成一个点，抽紧后打结完成；

（6）重复 1、2、3 步骤，如此作等距离的规律性制作，完成；

（7）背面图案效果。

（二）手工散珠褶皱

材料： 水晶纱面料、各色丝线、剪刀（图 3-3-3）。

图 3-3-3　材料

制作步骤（图 3-3-4）：

图 3-3-4

（1）在面料正面，用手揪起面料（长短根据需要）；

（2）用线扎紧，整理成型，完成；

（3）如此反复步骤 1、2，可以等距离地扎，也可随意扎；

（4）面料反过来效果 。

（三）机器波纹褶皱

材料：素色面料、缝纫线、缝纫机（图 3-3-5）。

图 3-3-5　材料

制作步骤（图 3-3-6）：

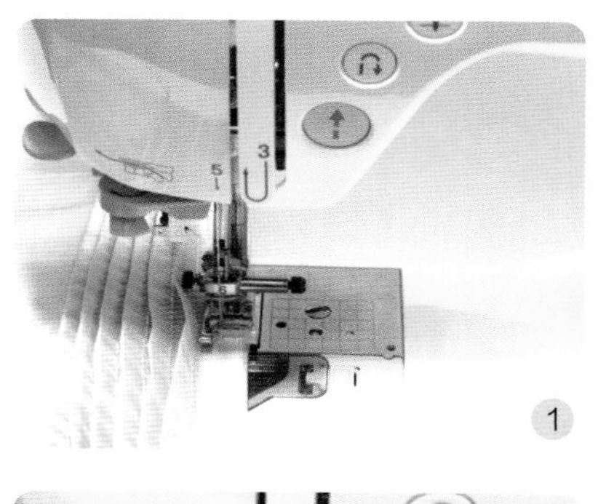

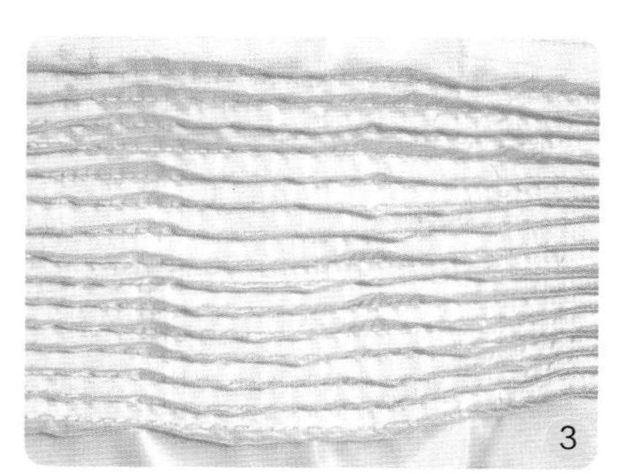

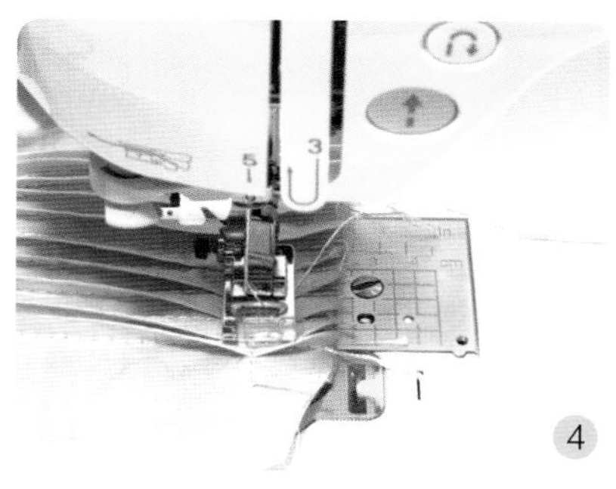

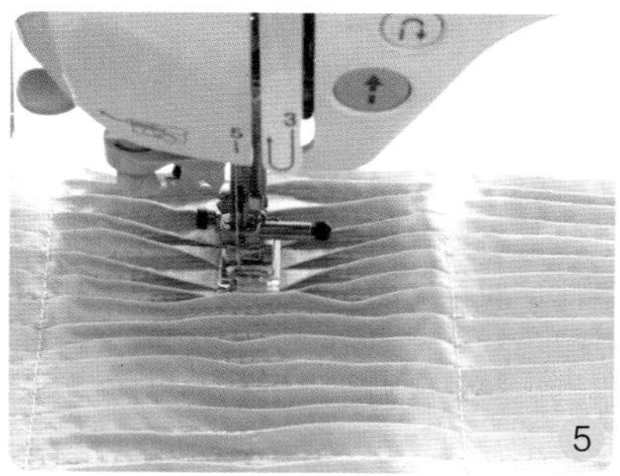

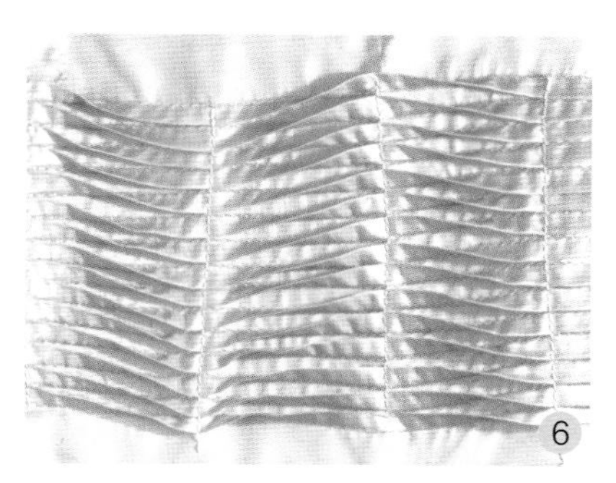

图 3-3-6

（1）先将面料反面相对折叠，在折合部分 0.7 厘米处，用缝纫机车缝出第一个褶皱；

（2）在距离第一个褶皱 0.5 厘米处，重复上述步骤制作第二个褶皱；

（3）继续用缝纫机车缝褶皱，直到所需的长度；

（4）将面料旋转 90 度，将横着的褶皱分成 3 等份，用缝纫机将褶皱压倒，车缝两侧褶皱；

（5）将面料旋 180 度，将褶皱压倒后，车缝中间线迹固定，使面料成波浪形；

（6）完成效果图。

小贴士

1. 一般情况下，面料收缩前的长度为抽褶后的 1.5 ～ 3 倍。

2. 褶皱面料适宜选择折痕饱满、光泽度强的美丽绸、丝绒、天鹅绒、素缎等。

二、堆积法

运用不同肌理的面料叠加表现出丰富的材料美，或将面料按基本形剪裁再层层车在底布上，使原本面料变得蓬松、立体。

材料：双绉面料、剪刀、针、线、珠子（图 3-3-7）。

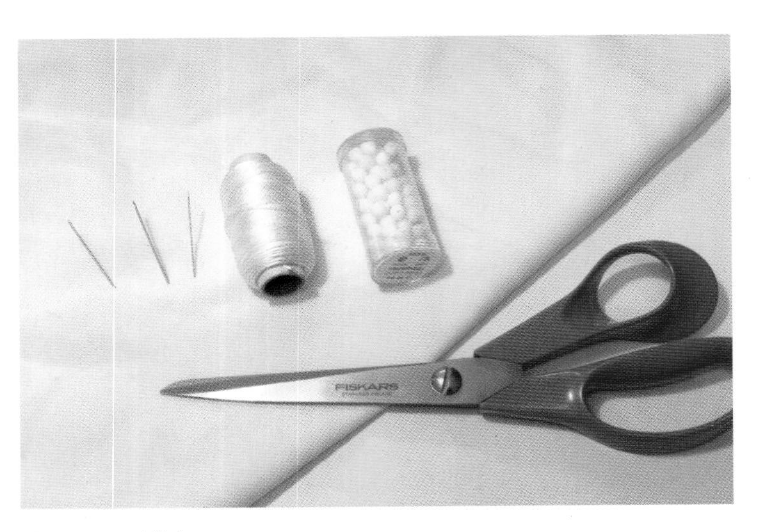

图 3-3-7　材料

制作步骤（图 3-3-8）：

图 3-3-8

（1）将面料剪成大小相同的四瓣花朵形状，多剪一些；

（2）将剪好的花瓣对折再对折，折成一个花瓣，用针穿过花瓣最底端；

（3）再缝上第二个花瓣；

（4）依次缝上第三个、第四个、第五个花瓣；

（5）在缝好最后一个花瓣的同时缝上一颗珠子；

（6）打结完成一朵花的制作；

（7）按照上述的步骤，完成所需数量的花朵；

（8）将做好的花朵一朵朵订在基布上；

（9）将基布完全订满，打结完成。

小贴士

堆积的方式可以使面料产生粗犷的肌理效果，利用面料本身的光泽折射，甚至不同质感面料边缘毛边的长短、疏密，都可以呈现意想不到的效果。

三、填充法

为了增加图案的立体效果选择性地在有图案的部分填充材料，从而突出图案的立体效果。

材料：美丽绸面料（表布）、纯棉面料（里布）、絮状填充棉、针、线、水消笔、绣框（图 3-3-9）。

图 3-3-9　材料

制作步骤（图 3-3-10）：

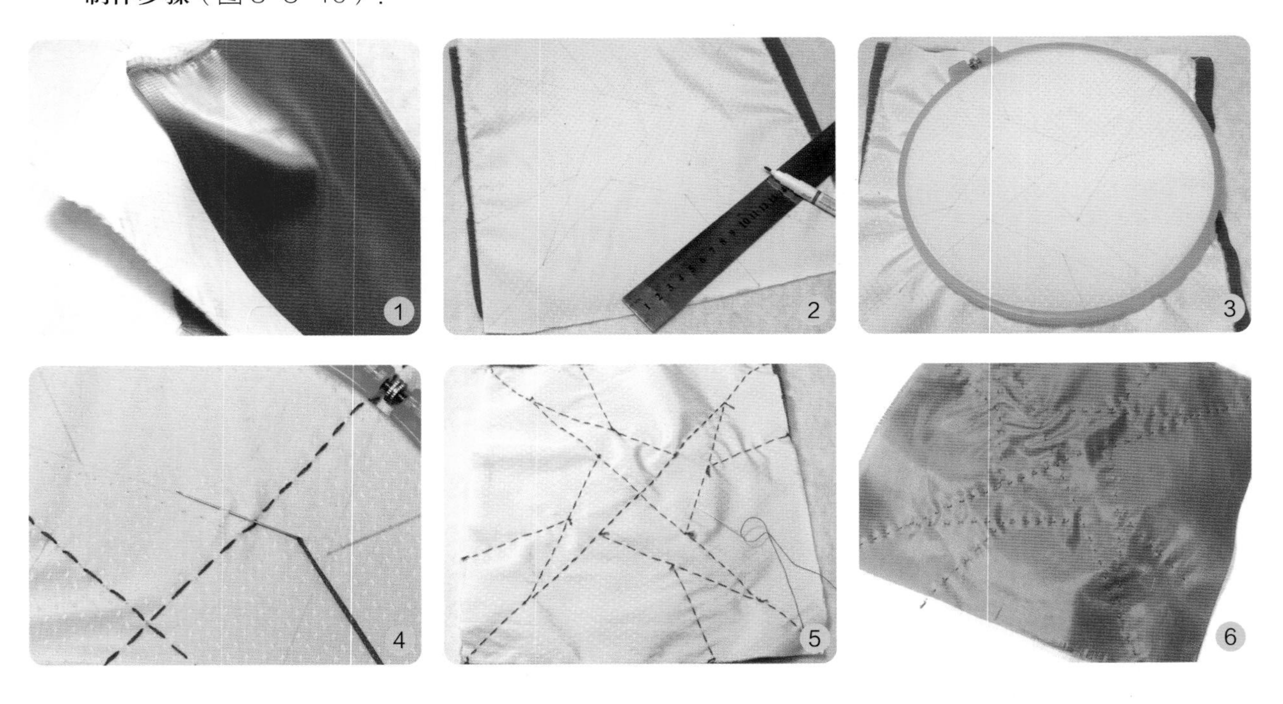

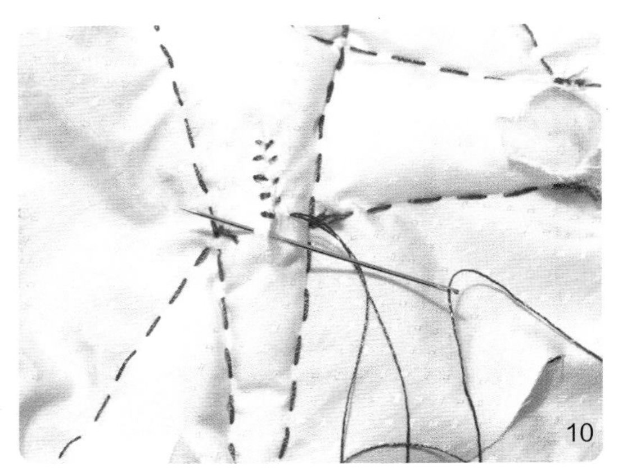

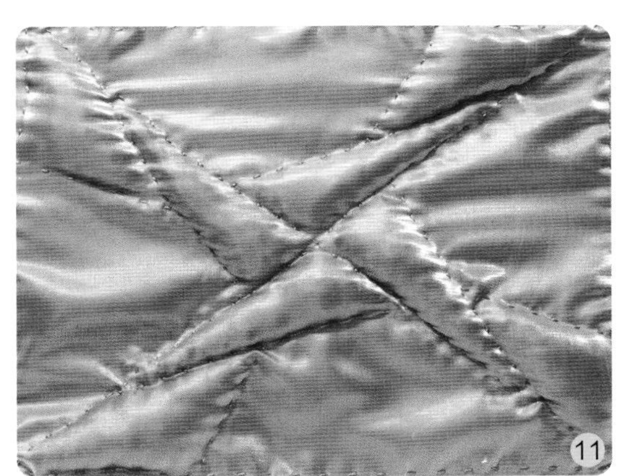

图 3-3-10

（1）将美丽绸和棉布裁成相同大小的两块，两块面料的背面相对；

（2）在纯棉底布上画出图案；

（3）用绣绷将两层面料绷紧，露出图案部分；

（4）用绗缝的针法顺着图案轮廓线，将两层面料缝合；

（5）背面绗缝后的图案；

（6）正面绗缝后的图案；

（7）在背面剪开一道细长的切口；

（8）把填充棉塞入，尖角部位可以使用镊子辅助；

（9）将所有图案部分切口，塞满填充棉；

（10）用针缝合所有切口；

（11）完成效果图。

小贴士

1. 填充物量的多少决定了图案的立体效果，可根据设计需要有选择的填充。

2. 可以将材料剪成新的图形，将边缘进行锁缝，在一侧留口将填充棉塞入，然后缝上，形成一个独立的立体图形。

四、编织法

用多种质地的线、绳、带或将面料打散裁条，通过编、织、钩、结等手法，形成疏密、宽窄、连续、平滑、凹凸、组合等变化，使之产生有三维效果的立体图案。

材料：毛线、丝带、编织架、钉子、锤子、铅笔（图 3-3-11）。

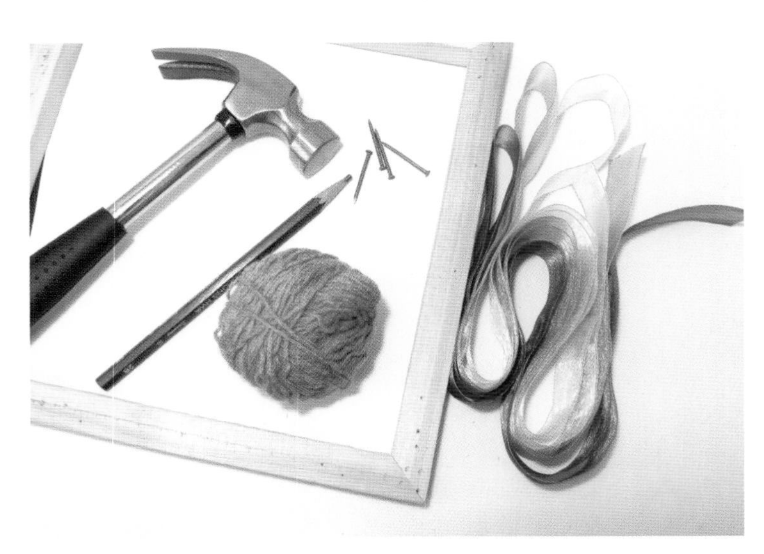

图 3-3-11　材料

制作步骤（图 3-3-12）：

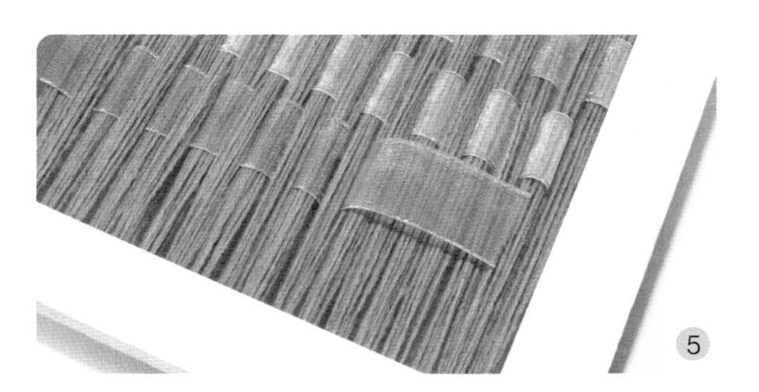

图 3-3-12

（1）先用四块木板做个编织架，每个上面钉 20 个钉子，也可以根据自己的要求做大小；

（2）第一层线，用自己喜欢的毛线来回拉线，根据毛线粗细定多少股，此处用了 6 股；

（3）绑完如图；

（4）第二层白色透明丝带在中央从前面一个孔进去，再从后一个孔出来，其他都是如此；

（5）换淡蓝色丝带编法同步骤 4；

（6）换深蓝色丝带编法同步骤 4、5；

（7）丝带在绷子背面打结，完成。

小贴士

编织的方法有很多，根据织物的不同组织规律，分为平纹、斜纹和缎纹组织，此外利用棒针、钩针、编织机等专业工具，恰当地运用不用的线材，可以制作出很多丰富的编织效果。

五、毛毡法

将单个色系或多个色系的毛毡混合，用戳针固定在底布上，可形成颜色的混合变化。

材料：棉布、羊毛毡（黑、深灰、浅灰、白）、戳针、泡沫（图3-3-13）。

图3-3-13　材料

制作步骤（图3-3-14）：

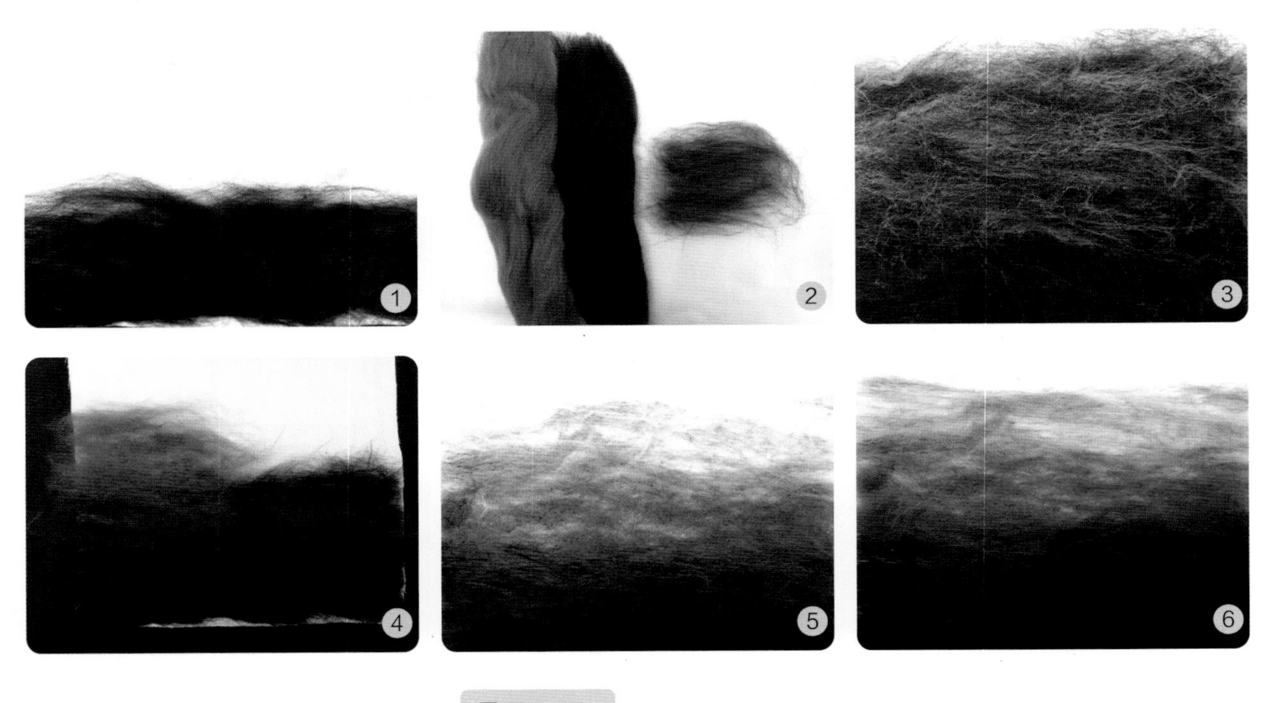

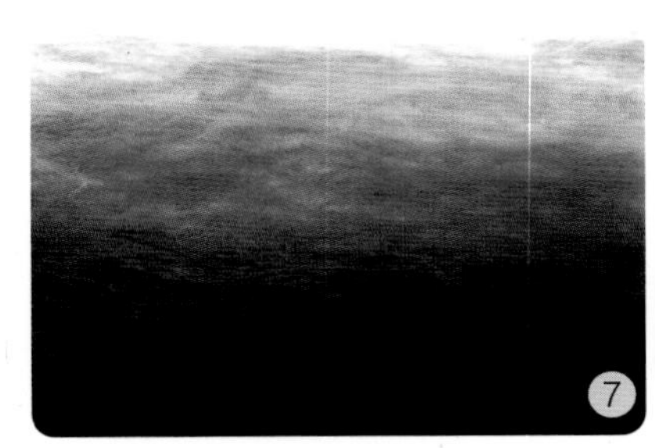

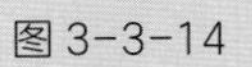

图3-3-14

（1）把一层黑色羊毛毡铺在底布上，用戳针戳，使其固定在底布上；

（2）将黑色与深灰色混合出过渡色，每次混合不宜过多，否则颜色不均匀；

（3）将混合好的过渡色铺均匀，用戳针戳羊毛毡，使其固定在底布上；

（4）用深灰色羊毛毡继续做出颜色过渡的效果；

（5）继续用浅灰色、白色羊毛毡完成色彩过渡；

（6）第一遍完成效果；

（7）用合适颜色的羊毛毡补齐颜色不均匀的位置，使整体过渡自然，完成效果。

第四节 综合设计

一、多种材料组合运用

不同质感的材料给人的印象是完全不同的，抓住材料的内在特性，整合多种材料进行重新组合再造，可以为设计师提供更丰富的设计源泉。例如，真丝面料与珠子、蕾丝、羽毛相结合，不仅增加了面料的装饰效果，又显现出浪漫、优雅和细腻的感觉；柔软的皮革加入各种金属质感的铆钉、别针作为装饰材料，立刻显现出时尚、朋克的风格面貌。可见不同材料之间的重新组合在改变面料外观的同时，也更大程度地体现了材料本身的美感（图 3-4-1 ~图 3-4-12）。

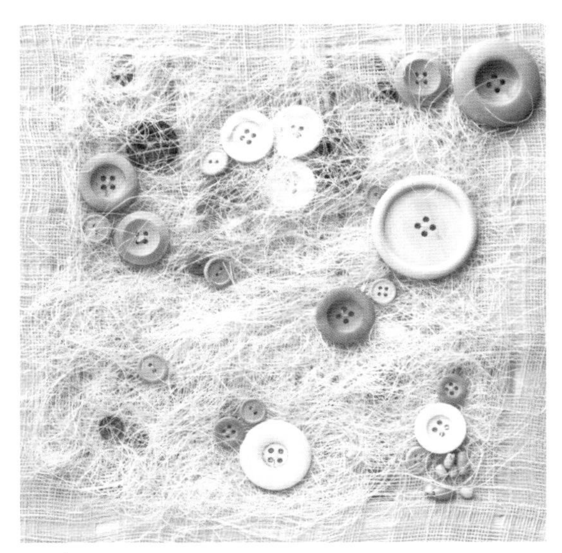

图 3-4-1　木质纽扣、纱线、麻布

图 3-4-2　花边、棉布、珠子

图 3-4-3　羽毛、丝带、珠片

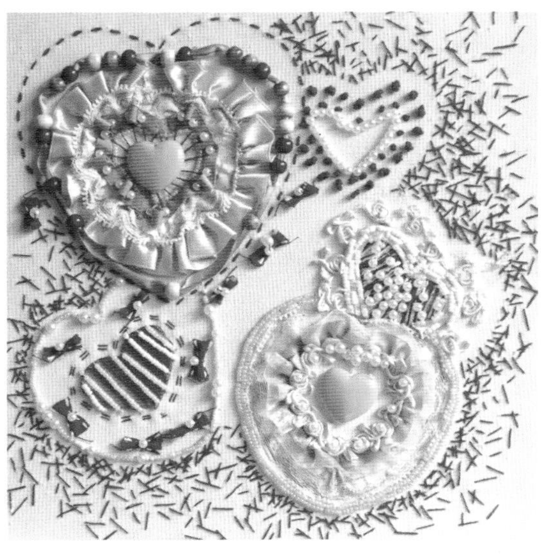

图 3-4-4　珠子、纽扣、丝带、绣线

图 3-4-5　薄纱、羽毛、珠子、纽扣

图 3-4-6　珠片、填充棉、绣线、网眼面料

图 3-4-7　皮毛、皮革、珠子

图 3-4-8　毛呢、丝绒面料、绣线

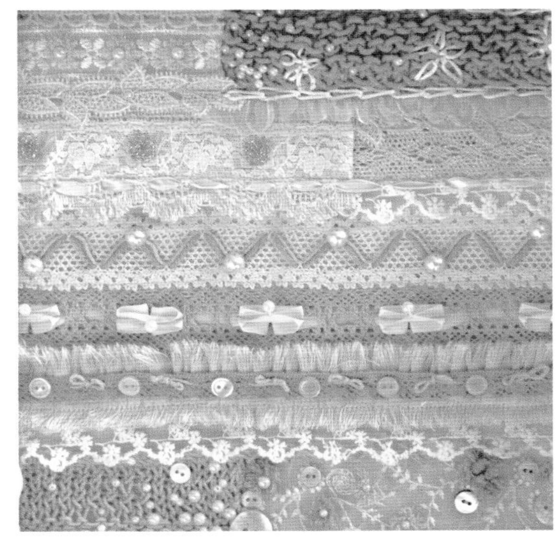

图 3-4-9　毛线、蕾丝、花边、珠子、纽扣

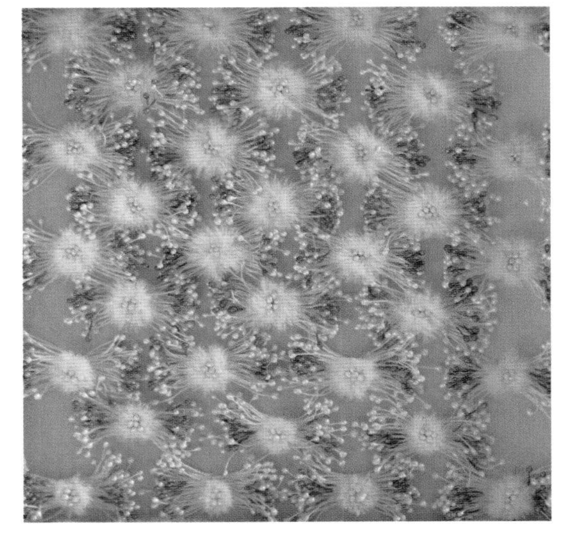

图 3-4-10　绒毛、珠子、工艺花蕊

图 3-4-11　毛线、纽扣、珠子、棉布

图 3-4-12　网眼面料、棉布、花边、填充棉、珠子

二、多种方法组合运用

在实际的服装面料设计中，每一种手法都不是单独使用的，为了设计出独一无二的视觉效果，设计师往往需要将各种设计手法自由组合搭配，最大限度地发掘材料的潜在表现力。例如，普通的牛仔面料经过印染、贴花、珠绣、镶嵌等多种装饰处理，原本传统粗犷的牛仔面料也可以变得光泽闪耀、华丽夺目；原本又轻又软的薄纱面料，经过剪切、堆积、褶皱的手法处理后，面料便有了立体感和层次感。所以，灵活运用面料创意设计技法，会有意想不到的收获（图 3-4-13 ~图 3-4-23）。

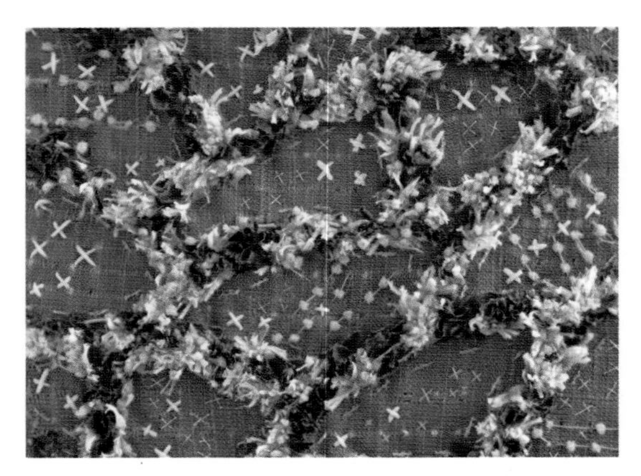

图 3-4-13　十字绣、拼接法

图 3-4-14　镂空法、贴线绣、贴花法

图 3-4-15　填充法、堆积法

图 3-4-16　填充法、堆积法、褶皱法

图 3-4-17　褶皱法、堆积法、叠加法

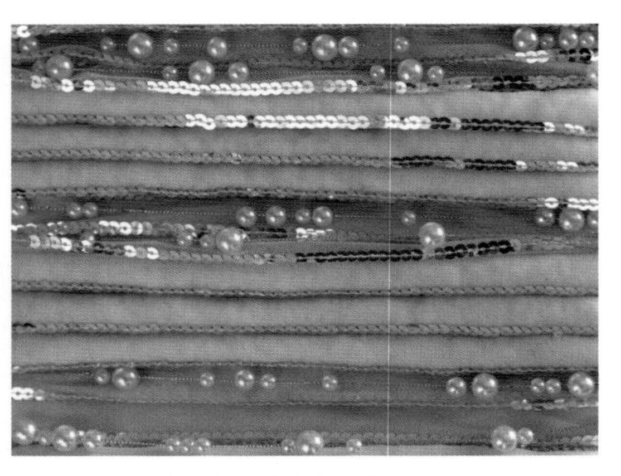

图 3-4-18　亮片绣、填充法、珠绣

图 3-4-19　叠加法、珠绣、线绣

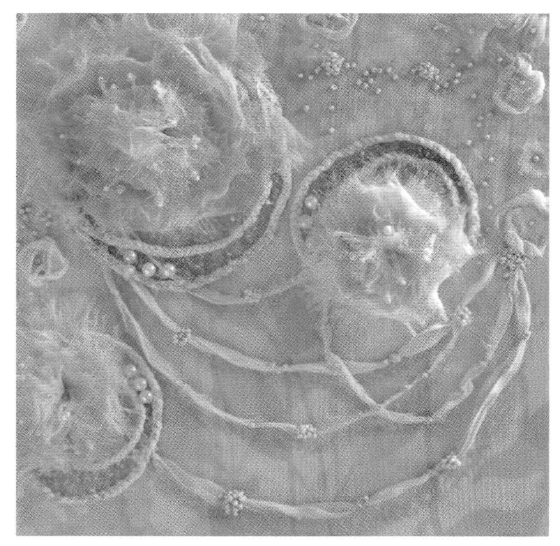

图 3-4-20　堆积法、珠绣、贴线绣

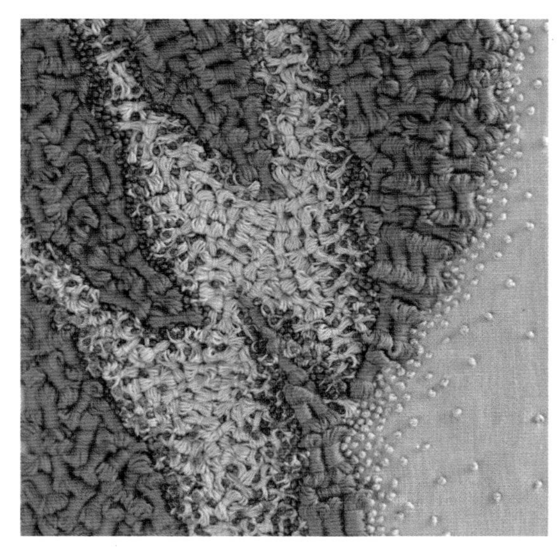

图 3-4-21　堆积法、珠绣、打籽绣

图 3-4-22　抽纱法、堆积法、拼接法

图 3-4-23　褶皱法、珠绣、拼接法

小贴士

服装面料创意材料与技法小结

材料	面料品种	材料的基本特性	材料的风格属性	适宜的再造手法
棉	府绸 帆布 牛仔 泡泡纱 灯芯绒	强度好、吸湿性佳、伸展性差，易皱、无光泽、面料表面略有凹凸感	属于休闲类，简约平实、自然纯粹	堆积、贴花、印染、刺绣、绗缝、填充
麻	夏布 亚麻细布 亚麻粗布	材质较硬、吸湿散热快、弹性差、较易起皱	属于休闲类，风格粗犷、返璞归真	抽纱、褶皱、堆积、编织
丝	电力纺 双绉 乔其纱 雪纺 美丽绸 塔夫绸	表面有光泽、色泽鲜艳、质地较轻薄、悬垂性好、手感软滑	属于礼服类，高贵华丽、浪漫飘逸、优雅性感	褶皱、剪切、堆积、刺绣、叠加、填充
毛呢（精纺和粗纺）	哔叽 华达呢 驼丝绵 贡呢 花呢	质感紧密、挺括、弹性好、光泽自然柔和、易缩水、易起球	属于职业类，庄重风格、外观高雅、风格经典	镂空、剪切、堆积、刺绣、贴花、编织
	麦尔登呢 法兰绒 大衣呢 粗花呢	蓬松柔软、肌理丰富、有一定体积感和毛绒感，易虫蛀、易起球、易缩水		
皮革	天然皮革 人造皮革	保暖透气性好、美观耐用、不易变形	属于时尚类，既可雍容华贵、又可纯朴粗犷	镂空、褶皱、剪切、拼接、编织
混纺面料	棉混纺面料 麻混纺面料 毛混纺面料 丝混纺面料	天然、环保、优势互补、更具全面性能	风格多样、可塑性强	刺绣、褶皱、堆积、填充、贴花、绗缝、拼接、叠加、镂空、剪切
针织面料	纬编面料 经编面料	良好的弹性、延伸性、脱散性	具有时尚性、功能性	褶皱、编织、刺绣、印染、拼接

第四章 Chapter 4

面料创意在服装设计中的应用

面料的形态重塑要以服装为中心，以各种面料质地的风格为依据，融入设计师的观念和表现手法，将面料的潜在性能和自身的材质风格发挥到最佳状态，使面料风格与表现形式融为一体，形成统一的设计风格。

第一节 局部造型应用

经过创意设计后的面料具有一定的装饰性，可以用于服装的局部设计，如领口、肩部、袖子、底摆、口袋、门襟、胸、腰、背、臀等部位。这些造型可以起到画龙点睛的作用，成为服装的设计点，与款式设计相呼应，产生和谐之美。

图 4-1-1　腰部：亮片绣

图 4-1-2　肩部：褶皱法

图 4-1-3　胸部：珠绣

图 4-1-4　肩部：绗缝法

图 4-1-5　袖子：编织法

图 4-1-6　胸部：编织法

图 4-1-7　领口、袖子、腰部：堆积法

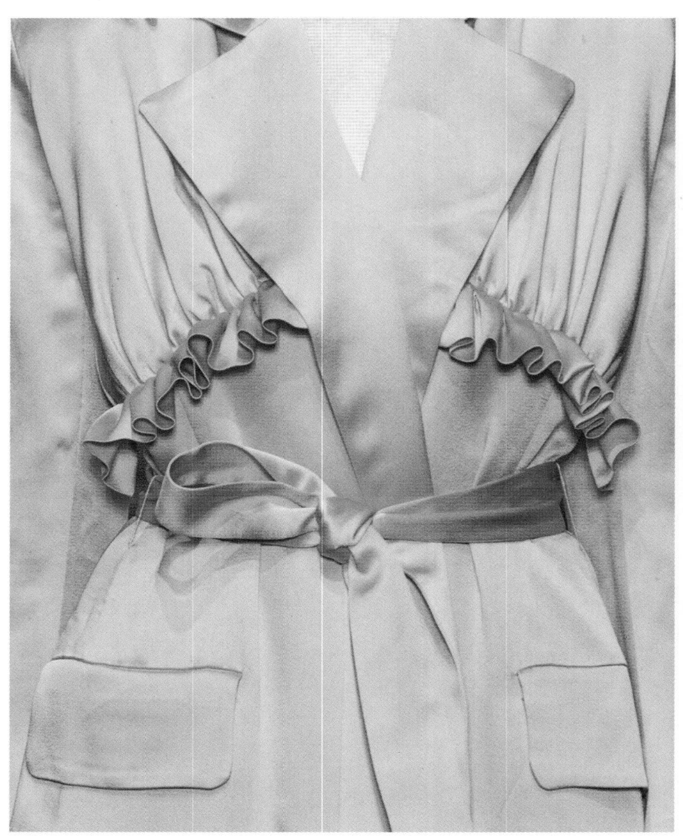

图 4-1-8　胸部：褶皱法

图 4-1-9　臀部：褶皱法、拼接法

图 4-1-10　袖子：拼接法

图 4-1-11　肩部：褶皱法

图 4-1-12　胸部：编织法

图 4-1-13　底摆：褶皱法

图 4-1-14　胸部、腰部、袖子：镂空法

图 4-1-15　背部：叠加法

第二节 整体造型应用

对面料进行整体创意设计，强化面料本身的肌理、质感或色彩的变化，展示设计师对面料设计与服装设计两者之间的把握和调控能力，整体造型突出面料的变化，款式相对简单。

图 4-2-1　剪切法：在边缘部分装饰服装主体面料制作的流苏，产生活泼的着装效果

图 4-2-2 编织法：用纯色面料和印花面料编织成裙片，底摆自然散开，增加服装动态展示效果

图 4-2-3 镂空法：用皮革等不会脱线的材料制作镂空效果，作为装饰图案均匀分布，镂空部分也可穿绳，增加装饰效果

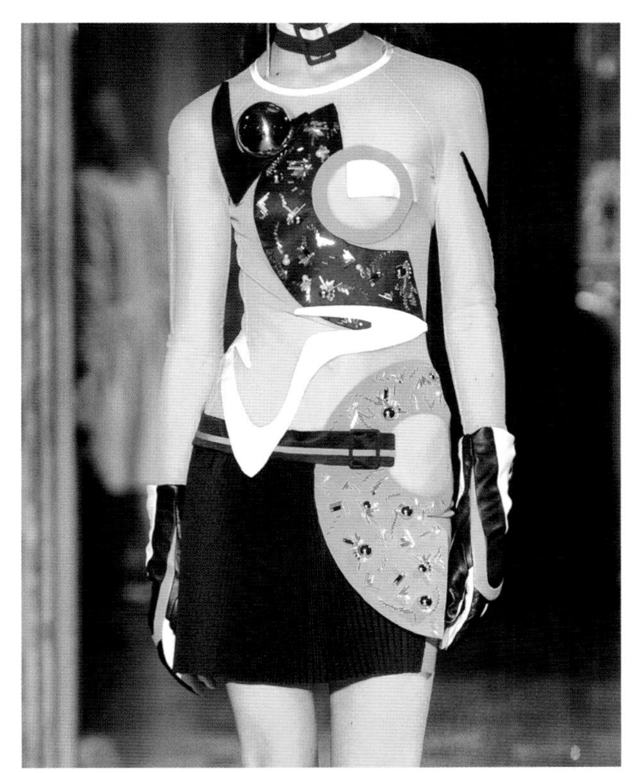

图 4-2-4 贴花法：在底布上装饰其他材质或颜色的面料，贴花面料兼具功能性与装饰性

图 4-2-5 编织法：用皮革和线绳黑白交错进行穿插编织，编织部分形成面，未编织部分形成线，两部分形成疏密对比

图 4-2-6　叠加法：将大小不同的面料逐层叠加，形成规律的变化

图 4-2-8　堆积法：肩部和臀部由质地柔软蓬松的毛线一层层堆积而成，款式造型轮廓为收腰“X”型，虽立体饱满，但不臃肿

图 4-2-7　剪切法：将薄纱面料叠加后，再层层剪切，形成如羽毛般轻盈飘逸的效果

图 4-2-9　填充法：上衣为针织面料填充，短裙为毛呢面料填充，填充技法因材料或图案不同而展现出完全不同的效果

图 4-2-10　镂空法：天然皮革经过大面积的镂空刻花后，挺括的质地、粗犷的风格突然变得柔美很多

图 4-2-11　珠片绣：将大小、形状、颜色、质地不同的珠子、羽毛、亮片组合图案，运用珠片绣的方式固定，极大丰富了服装的视觉效果

图 4-2-12　编织法：使用条状面料编织，在圆领网眼裙的基础上编织出 V 领的效果，塑造出一个立体的服装轮廓

图 4-2-13　线绣：在纯色面料上用线绣的方式装饰图案，增加图案的表现效果，丰富服装的肌理

图 4-2-14　堆积法：长短不同的羽毛形成堆积效果，通过长短的变化表现层次，层层堆积形成独特的形态感和装饰感

图 4-2-15　编织法：麻绳经过经纬线的重复、盘绕、交错等变化，呈现富有特色的织纹镂空肌理

图 4-2-16　填充法：将填充好的、大小相等的四角小块，重新拼接成面料，面料表面形成自然的凹凸效果

图 4-2-17　镂空法：牛仔面料经过刻花镂空处理，四周边缘用锁针绣封边，搭配金属材质的装饰品，时尚前卫

图 4-2-18　镂空法：镂空部分用锁针绣封边，镂空的面料经过叠加也不会显得厚重

图 4-2-19　填充法：原本的面料经过填充后，可以塑造出立体的轮廓和造型

图 4-2-20　堆积法：网纱面料经过堆积塑造出服装的轮廓，通过改变面料的颜色制作出变化柔和的色彩过渡

图 4-2-21　编织法：用不同颜色的丝带编织服装，通过颜色的变化和疏密的对比表现服装层次

图 4-2-22　叠加法：将相同大小和形状的结构固定在服装上，重复这一装饰手法，增加服装的立体装饰效果

图 4-2-23　镂空法：在面料上做出圆形镂空的效果（并不完全剪掉圆形），按照不同的装饰部位，采用不同大小的镂空形状

图 4-2-24　褶皱法：将面料做出大小不同的褶皱，并用小珠子做边缘装饰，变化规律的褶皱形成均匀的疏密变化

图 4-2-25　拼接法：将不同颜色的面料拼接，接缝处不必完全缝合，用拼接后的面料制作服装，简洁生动

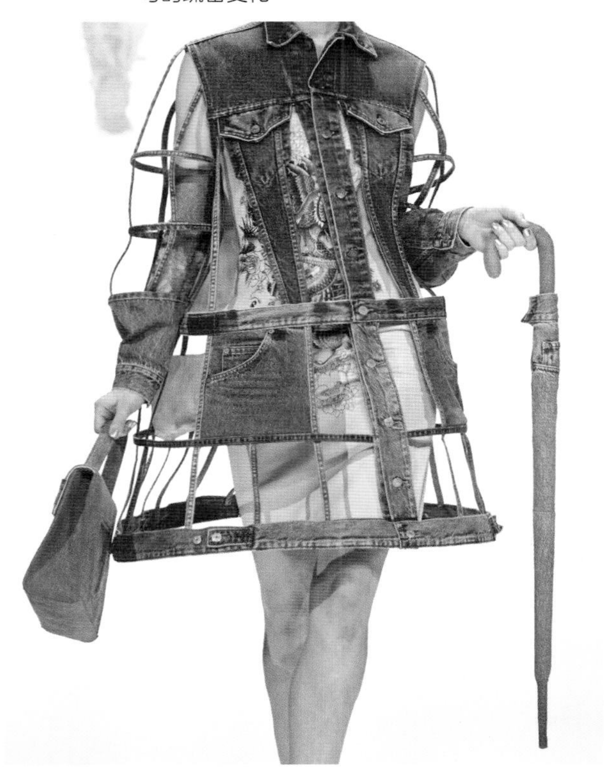

图 4-2-26　镂空法：利用裙撑的支撑作用，在需要体现面的部分添加面料，其他部分为镂空效果

图 4-2-27 镂空法：通过镂空图案展现层次感，形成强烈的视觉效果

图 4-2-28 综合技法：将珠片、羽毛、水晶纱等不同材质的材料组合堆积在一起，突出轻与厚、软与硬、透与不透的对比

图 4-2-29 综合应用：将薄纱面料分别采用镂空、褶皱、堆积的手法组合应用在礼服设计中，使单一面料展现出不同的肌理效果

第五章
Chapter 5

服装面料
创意设计作品欣赏

图 5-1 材质：仿皮面料、线绳
技法：编织法、贴花法

图 5-2 材质：黑白色麻布、毛线
技法：编织法、抽纱法

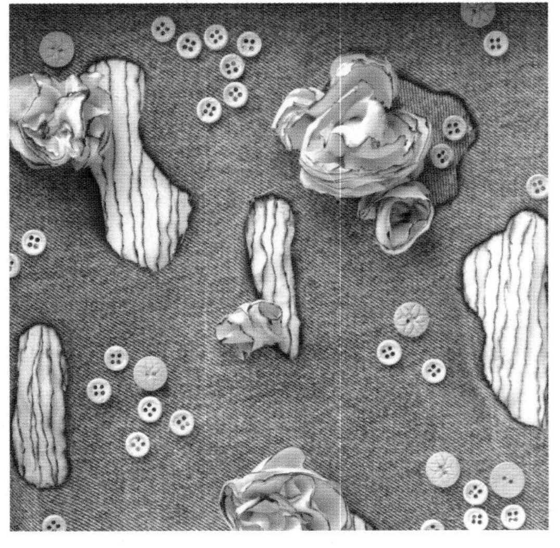

图 5-3 材质：牛仔面料、薄纱、纽扣
技法：烧烫法、叠加法

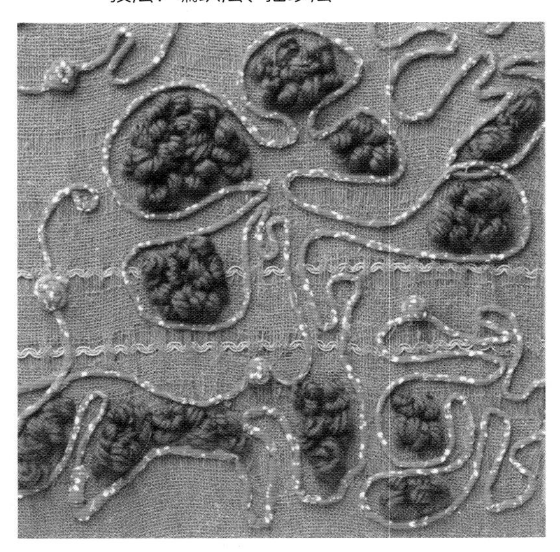

图 5-4 材质：棉布、花边、毛线
技法：抽纱法、贴线绣、打籽绣

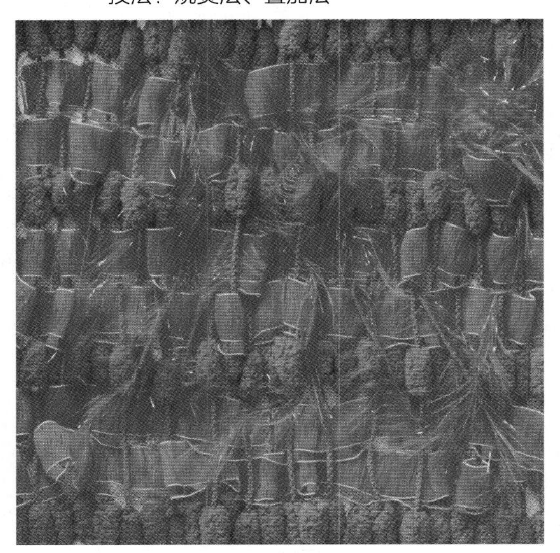

图 5-5 材质：丝带、花式毛线
技法：编织法

图 5-6 材质：褶皱面料、填充棉
技法：填充法、堆积法

图 5-7　材质：网纱面料、针织面料、填充棉
技法：填充法、镂空法

图 5-8　材质：网纱面料、填充棉
技法：填充法、堆积法

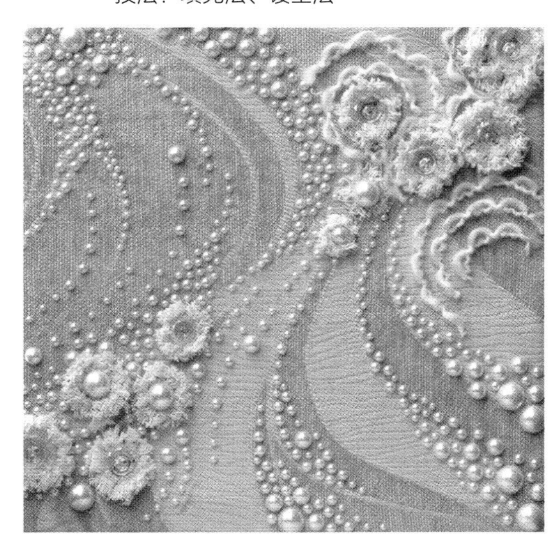

图 5-9　材质：化纤面料、珠子、毛线
技法：贴线绣、珠绣、堆积法

图 5-10　材质：棉布、薄纱布、麻绳、珠子
技法：珠绣、贴线绣、堆积法

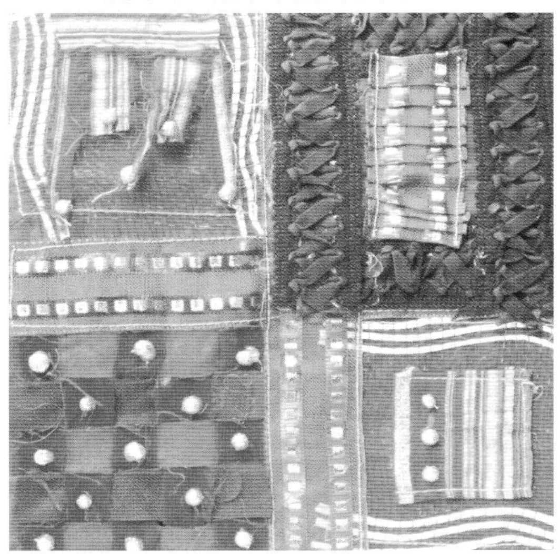

图 5-11　材质：网纱面料、丝带、珠子、花边
技法：编织法、拼接法、绗缝法、褶皱法

图 5-12　材质：网纱面料、填充棉、珠子
技法：珠绣、丝带绣、填充法、堆积法

图 5-13　材质：织花面料、网纱面料、线绳、珠子
技法：堆积法、褶皱法、珠绣

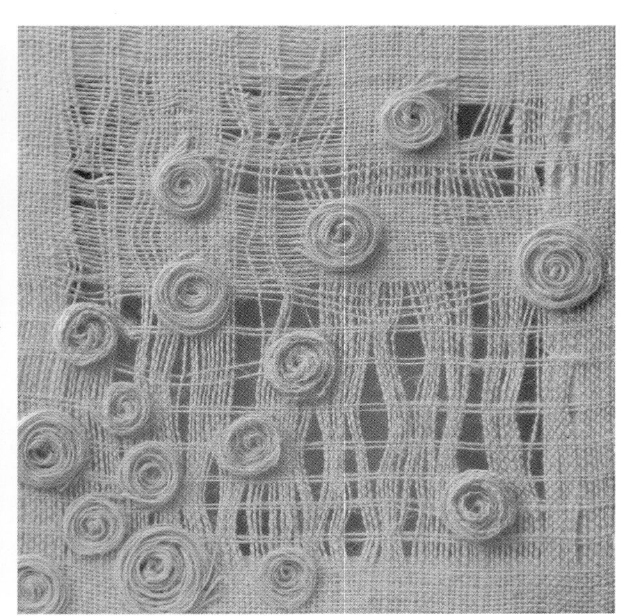

图 5-14　材质：麻布
技法：抽纱法、堆积法

图 5-15　材质：棉麻面料、亮片、树叶
技法：叠加法、亮片绣

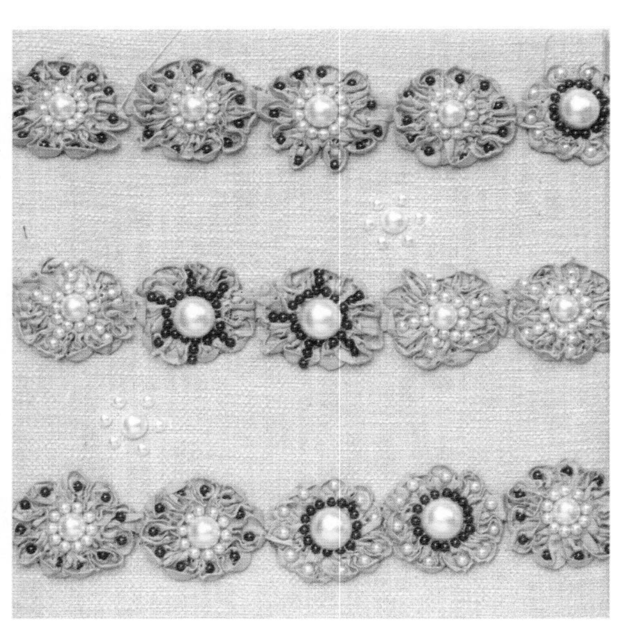

图 5-16　材质：花边、珠子
技法：珠绣、堆积法、贴布法

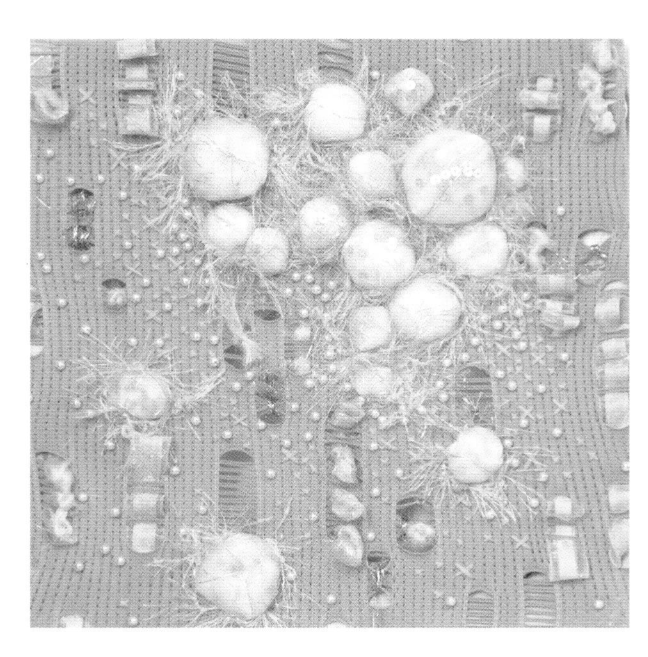

图 5-17　材质：弹力面料、网纱面料、珠子、填充棉
技法：填充法、堆积法、珠绣、十字绣

图 5-18　材质：毛呢面料、珠子
技法：堆积法、镂空法、叠加法、珠绣

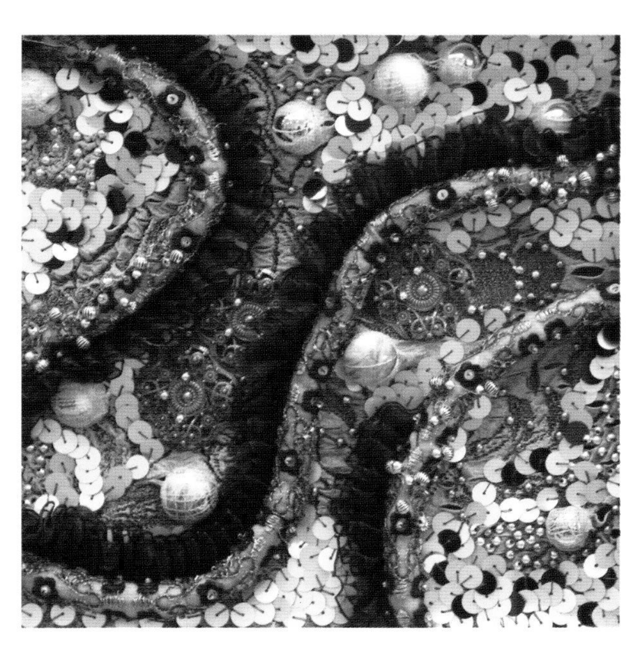

图 5-19　材质：网纱面料、亮片、珠子
技法：拼接法、褶皱法、亮片绣、珠绣

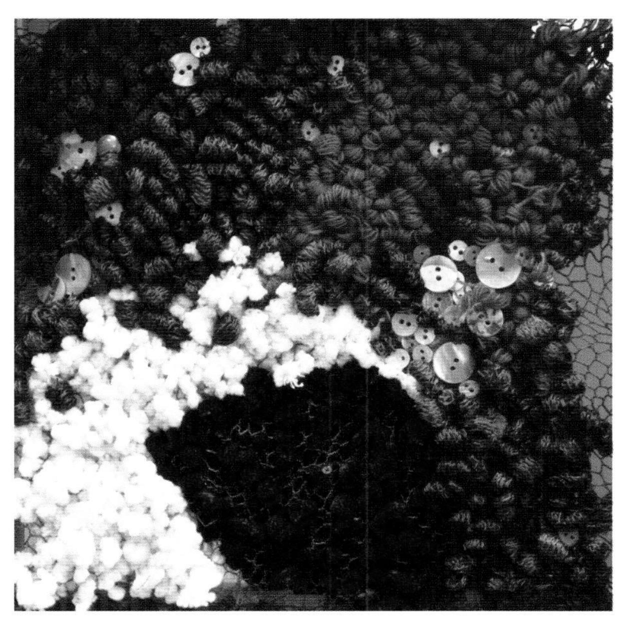

图 5-20　材质：网眼面料、各色毛线、纽扣
技法：堆积法、编织法

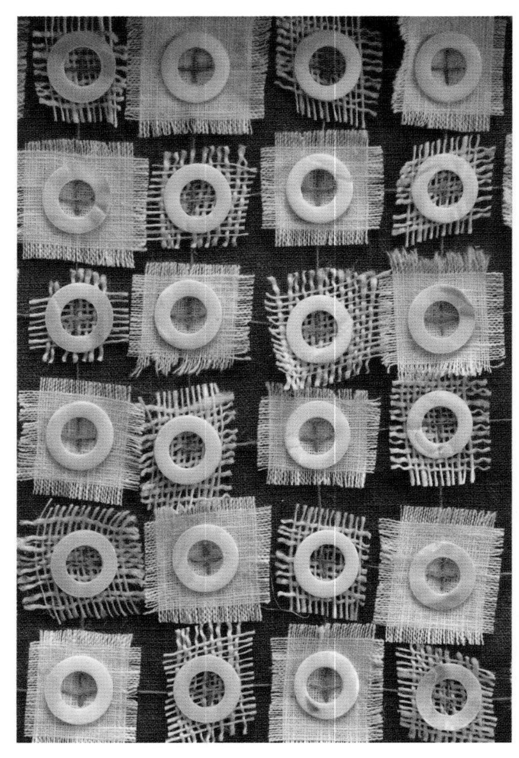

图 5-21　材质：麻布、纽扣
技法：贴花法、抽纱法

图 5-22　材质：牛仔面料、毛线、线绳
技法：抽纱法、编织法

图 5-23　材质：针织面料、棉线
技法：堆积法、叠加法

图 5-24　材质：网纱面料、毛线、麻绳
技法：平绣、堆积法

图 5-25　材质：网纱面料、珠子
技法：褶皱法、堆积法、珠绣

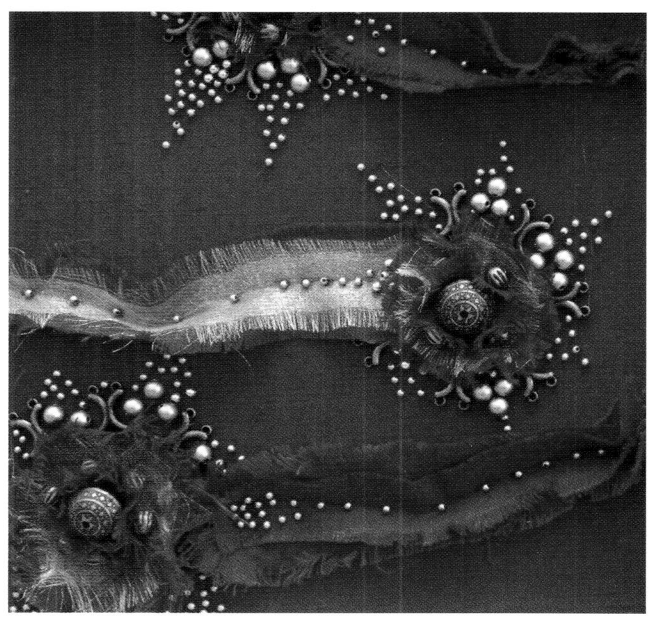

图 5-26　材质：棉布、网纱面料、珠子
技法：珠绣、堆积法、抽纱法

图 5-27　材质：网纱面料、皮革、珠子
技法：褶皱法、贴花法、堆积法、珠绣

图 5-28　材质：麻布、珠子、装饰用假花
技法：褶皱法、堆积法、珠绣

图 5-29　材质：牛仔面料、毛线、珠子
技法：平绣、珠绣

图 5-30　材质：毛呢面料
技法：堆积法、贴花法

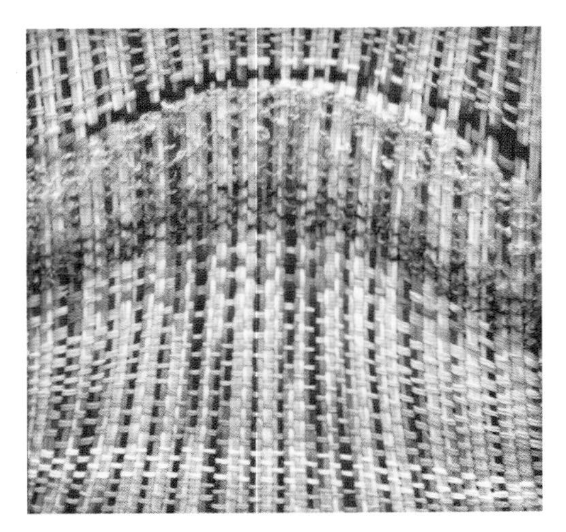

图 5-31　材质：毛线
技法：编织法

图 5-32　材质：丝带
技法：堆积法

图 5-33　材质：各色花边、丝带
技法：拼接法

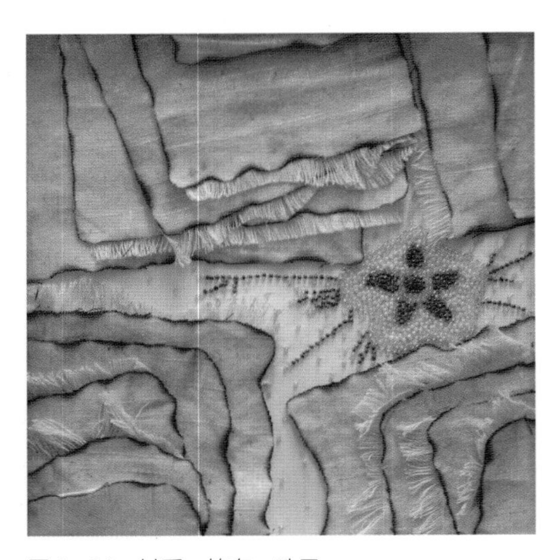

图 5-34　材质：棉布、珠子
技法：抽纱法、烧烫法、珠绣

图 5-35　材质：闪光面料、金属丝、丝带、亮片、珠子
技法：丝带绣、珠片叠绣、贴线绣

图 5-36　材质：帆布、珠子
技法：剪切法、珠绣

图 5-37　材质：丝绸
技法：褶皱法、印染法

图 5-38　材质：皮革、丝带、珠子
技法：褶皱法、堆积法、珠绣

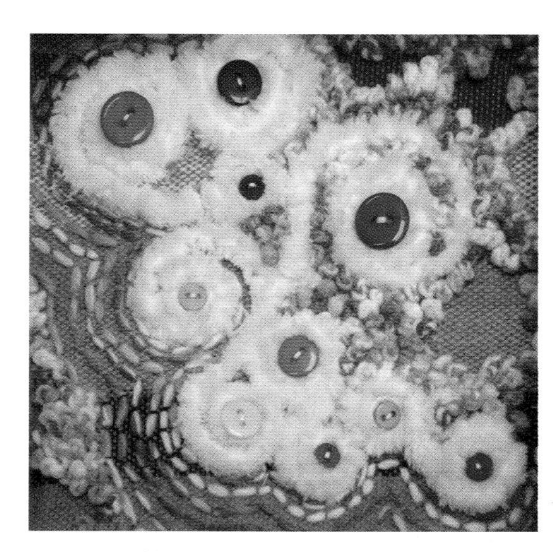

图 5-39　材质：毛线、纽扣
技法：贴线绣、打籽绣

图 5-40　材质：绣线、皮革、珠子
技法：乱针绣、珠绣

图 5-41　材质：发夹、亮片、棉布
技法：叠加法、亮片绣、珠片绣

图 5-42　材质：雪纺面料、棉布、麻布、珠子
技法：堆积法、珠绣、编织法

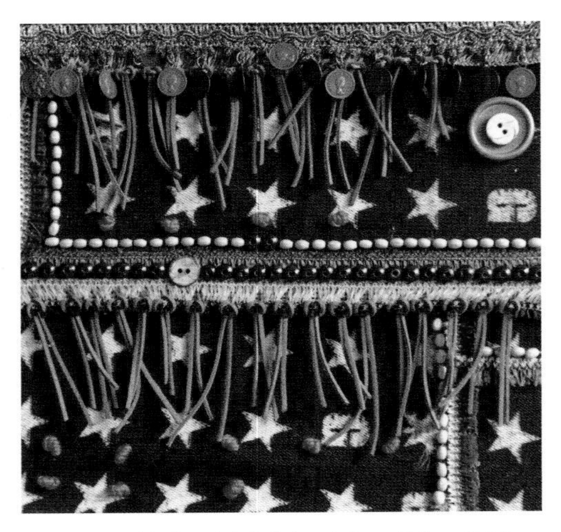

图 5-43　材质：牛仔面料、皮条、花边、珠子
技法：珠绣、编织法

图 5-44　材质：闪光面料、珠子
技法：褶皱法、堆积法、珠绣

图 5-45　材质：麻布、毛线
技法：十字绣、贴线绣、堆积法

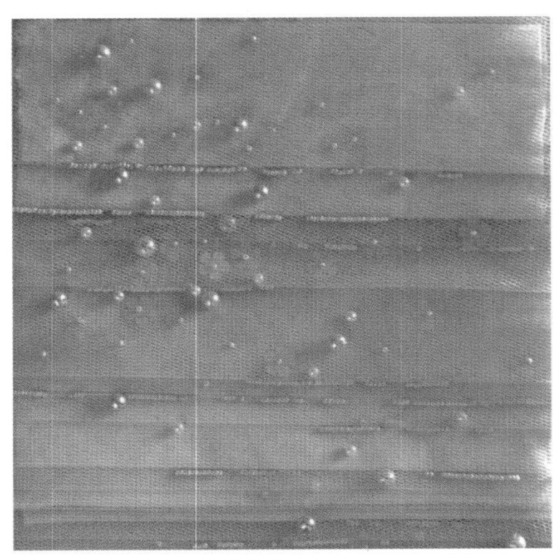

图 5-46　材质：网眼面料、珠子
技法：褶皱法、珠绣

图 5-47　材质：毛线、填充棉、亮片、珠子
技法：堆积法、填充法、亮片绣

图 5-48　材质：麻布
　　　　技法：堆积法、贴花法、抽丝法

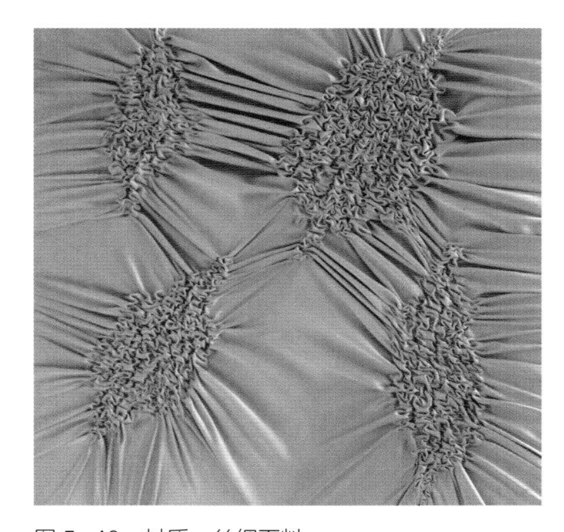

图 5-49　材质：丝绸面料
　　　　技法：褶皱法

图 5-50　材质：网眼面料、棉布、珠子
　　　　技法：堆积法、珠绣

图 5-51　材质：雪纺面料、麻布、麻绳
　　　　技法：编织法

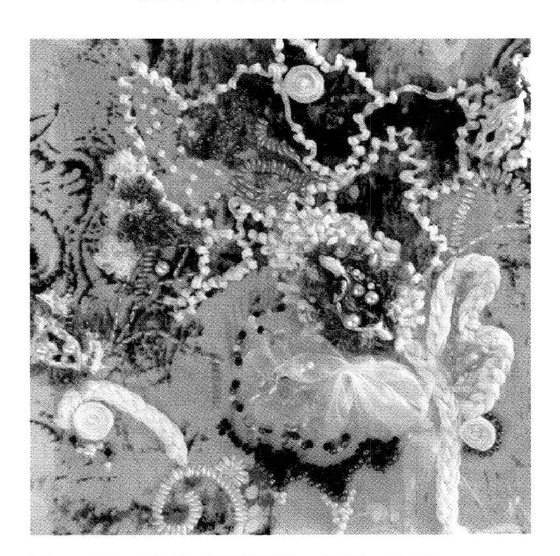

图 5-52　材质：印花面料、线绳、珠子
　　　　技法：堆积法、编织法、珠绣

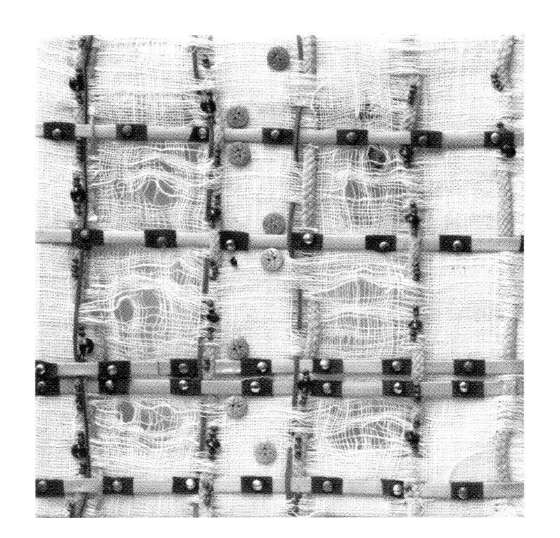

图 5-53　材质：麻布、皮条、纽扣
　　　　技法：抽纱法、编织法

图 5-54　材质：丝带、蕾丝花边、珠子
　　　　技法：编织法、珠绣

图 5-55　材质：针织面料、丝带、珠子
　　　　技法：编织法、堆积法、珠绣

图 5-57　材质：粗花呢面料、花边、珠子
　　　　技法：珠绣、贴花法

图 5-56　材质：针织面料、毛线、珠子
　　　　技法：十字绣、拱针绣、珠绣

图 5-58　材质：美丽绸面料、珠子
　　　　技法：贴花法、珠绣

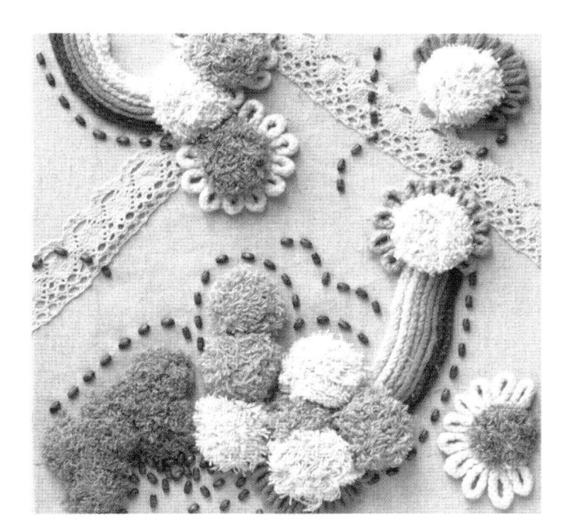

图 5-59　材质：棉绳、珠子、蕾丝花边
技法：贴线绣、堆积法、珠绣

图 5-60　材质：印花面料、亮片、绣线
技法：平绣、亮片绣、褶皱法

图 5-61　材质：针织面料、薄纱
技法：编织法、堆积法

图 5-62　材质：透明薄纱
技法：褶皱法

图 5-63　材质：花边、珠子、绣线
技法：拼接法、珠绣

图 5-64　材质：毛线、木棍、珠子
技法：编织法、珠绣

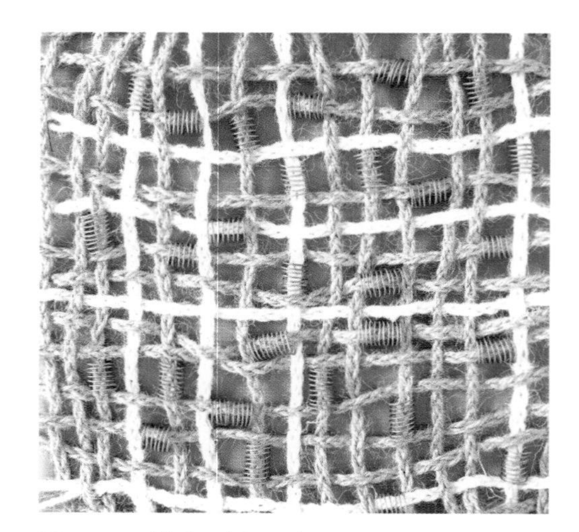

图 5-65 材质：麻绳、金属丝
技法：编织法、堆积法

图 5-66 材质：各种材质丝带
技法：编织法

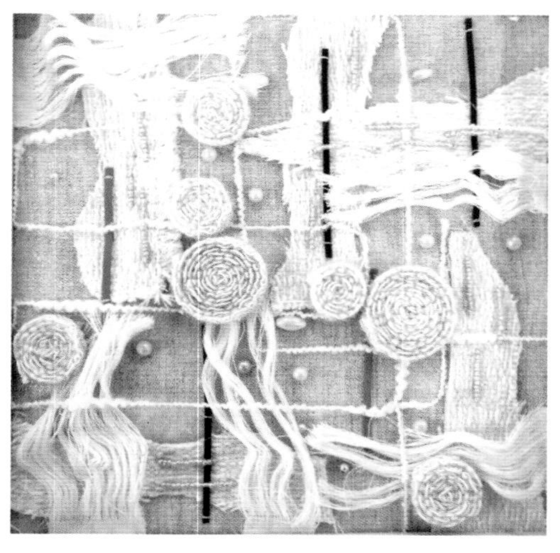

图 5-67 材质：粗花呢面料、棉布、毛线、珠子
技法：堆积法、抽纱法、珠绣

图 5-68 材质：棉线、毛线、树叶
技法：堆积法

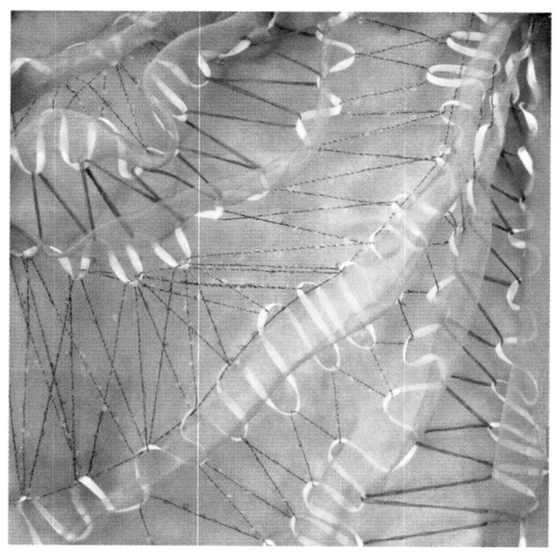

图 5-69 材质：网纱面料、丝带、毛线
技法：编织法

图 5-70 材质：印花棉布、珠子、金属丝
技法：编织法

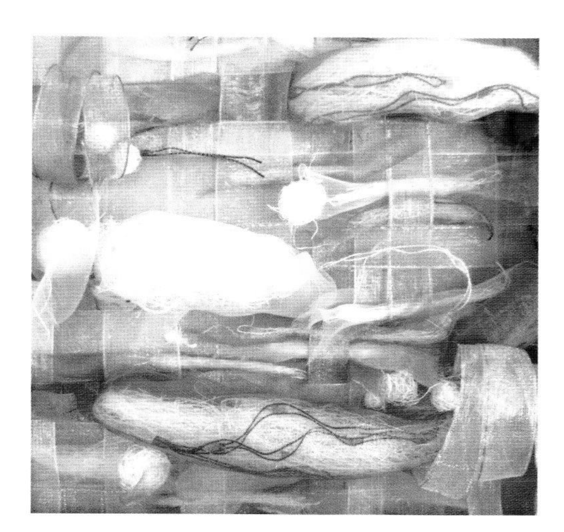

图 5-71　材质：丝带、网纱面料、纱线
技法：编织法、填充法

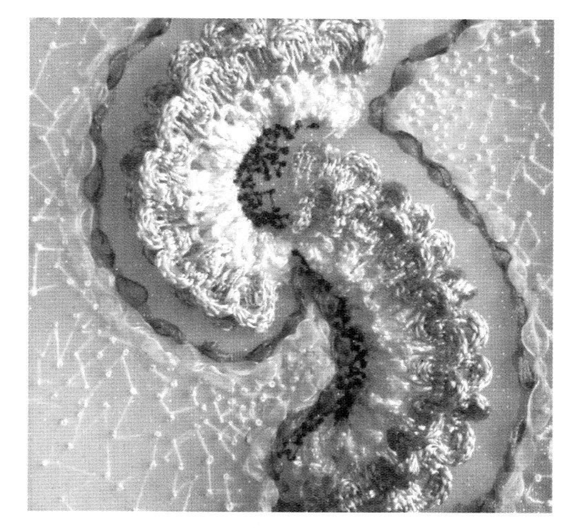

图 5-72　材质：丝光线、丝带、薄纱面料
技法：编织法、拱针绣、打籽绣

图 5-73　材质：羊毛毡、毛线
技法：编织法、堆积法

图 5-74　材质：弹力面料、毛线
技法：编织法

图 5-75　材质：毛线、毛呢面料
技法：编织法、拼接法

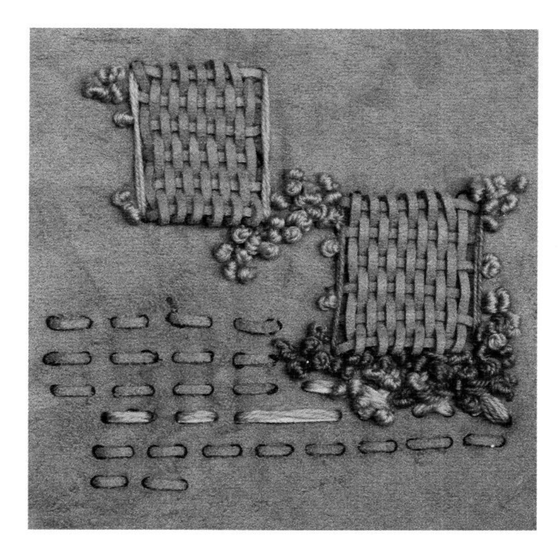

图 5-76　材质：鹿皮绒面料、毛线
技法：编织法、打籽绣、线绣

图 5-77　材质：网眼面料、网纱面料、羊毛毡、毛线
技法：填充法、编织法、堆积法

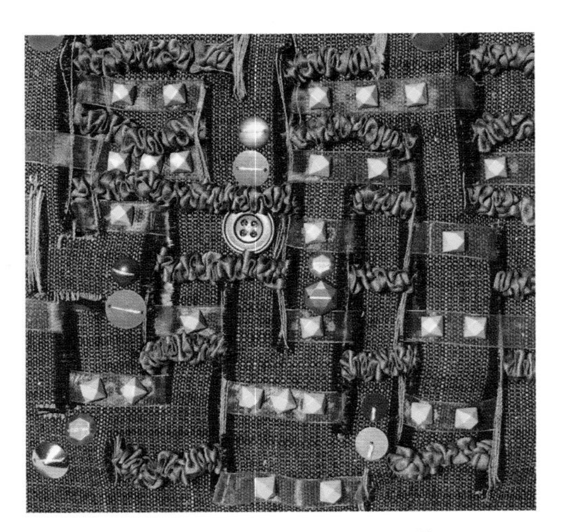

图 5-78　材质：牛仔面料、亮片、丝带
技法：剪切法、编织法、亮片绣

图 5-79　材质：网纱面料、网眼面料、丝带
技法：编织法

图 5-80　材质：TPU 面料、毛线
技法：填充法、堆积法

图 5-81　材质：麻绳、铆钉
技法：编织法、珠绣

图 5-82　材质：毛线、丝带、棉布
技法：编织法

图 5-83　材质：各种材质毛线
技法：编织法

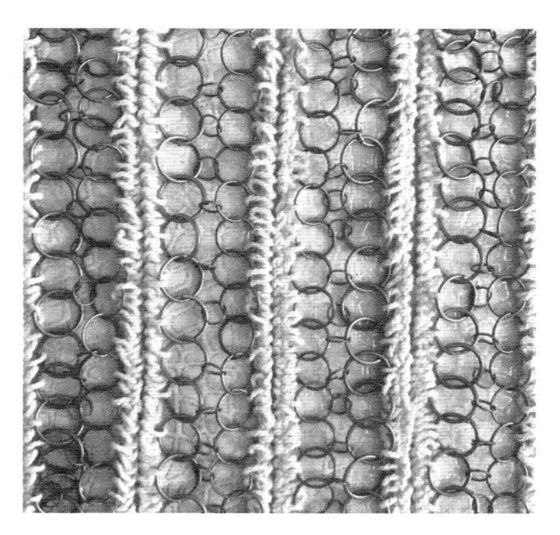

图 5-84　材质：棉线、连接圈
技法：编织法、拼接法

图 5-85　材质：各色毛线
技法：平绣

图 5-86　材质：毛线、网纱面料、珠子
技法：编织法、珠绣

图 5-87　材质：棉质纱布、蚕茧壳、工艺花蕊
技法：抽纱法、堆积法

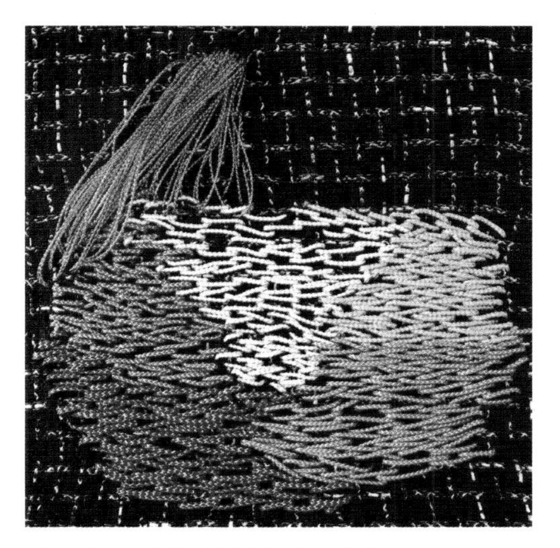

图 5-88　材质：粗花呢面料、线绳
技法：拱针绣

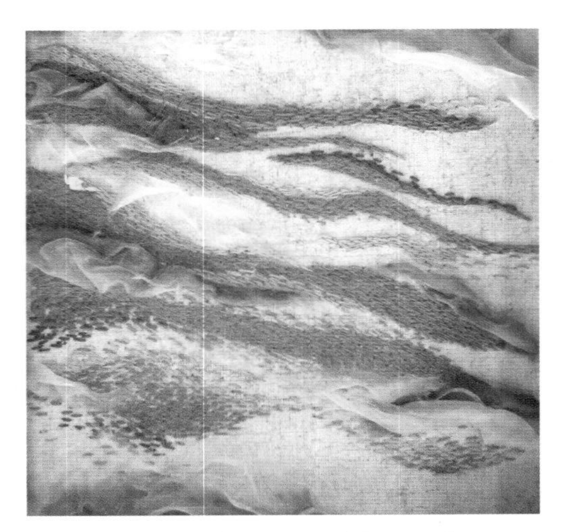

图 5-89　材质：棉布、网纱面料、细毛线
技法：回针绣、拱针绣

图 5-90　材质：牛仔面料、珠子
技法：珠绣、编织法

图 5-91　材质：印花羊毛毡、亮片、珠子
技法：珠绣、亮片绣

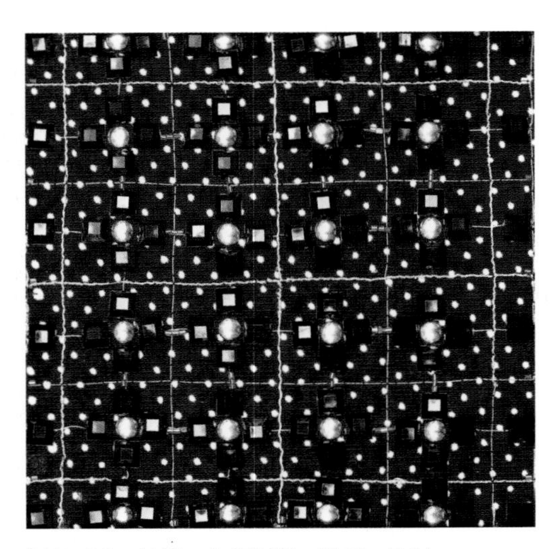

图 5-92　材质：牛仔面料、珠子、亮片
技法：绗缝法、珠绣、亮片绣

图 5-93　材质：珠子、亮片、银线
技法：珠绣、珠片叠绣、拱针绣

图 5-94 材质：棉线、毛线、亮片
技法：编织法、平绣、亮片绣

图 5-95 材质：亮片、珠子
技法：亮片绣、珠绣

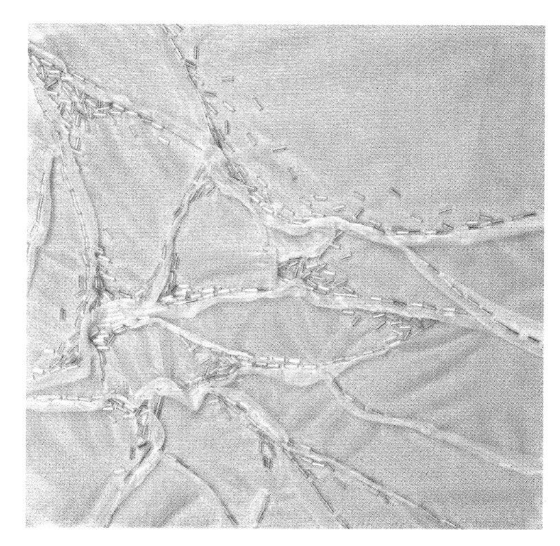

图 5-96 材质：网纱面料、珠子
技法：珠绣、褶皱法

图 5-97 材质：毛线
技法：贴线绣

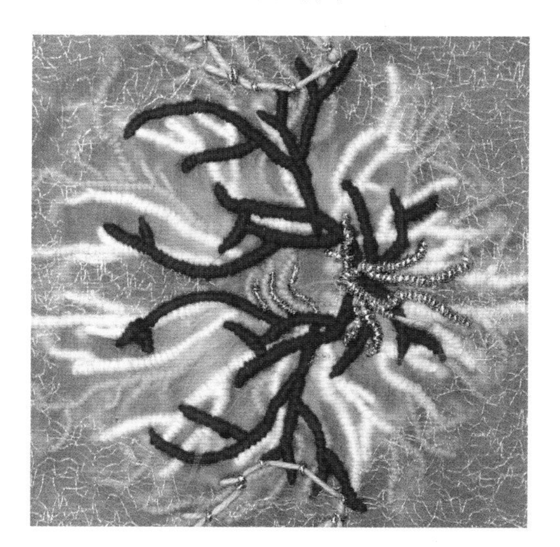

图 5-98 材质：薄纱面料、银线网纱、毛线
技法：平绣、镂空法

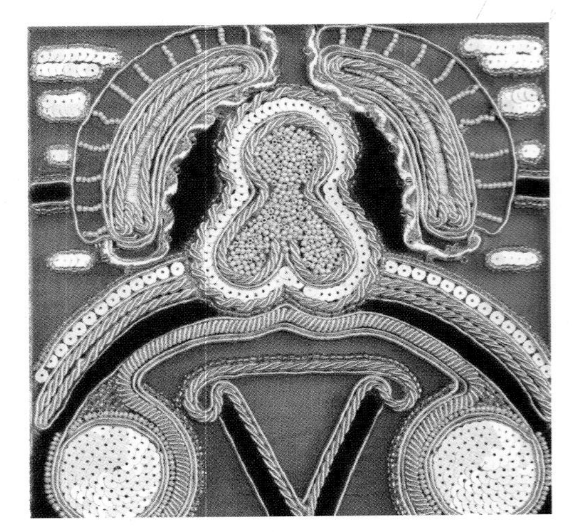

图 5-99　材质：线绳、珠子、亮片
技法：贴线绣、珠绣、亮片绣

图 5-100　材质：毛呢面料、毛线
技法：平绣、编织法

图 5-101　材质：毛线、棉线
技法：平绣、乱针绣

图 5-102　材质：网眼面料、丝带、珠子
技法：编织法、珠绣

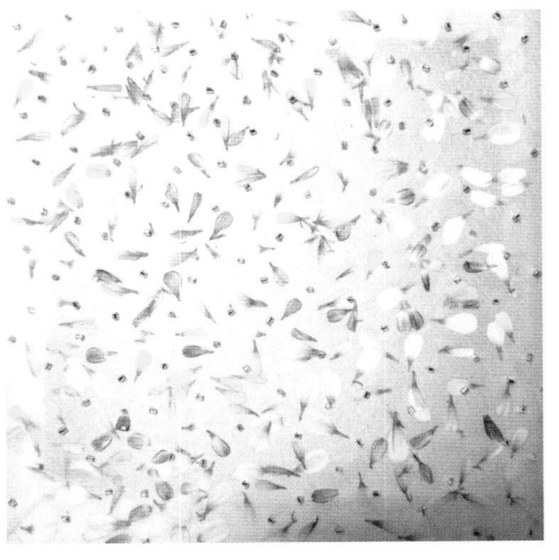

图 5-103　材质：网纱面料、干花、珠子
技法：珠绣、贴花法

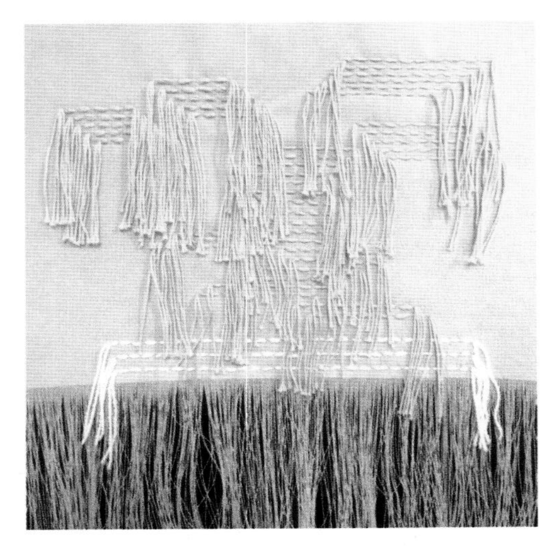

图 5-104　材质：棉布、毛线
技法：抽纱法、拱针绣

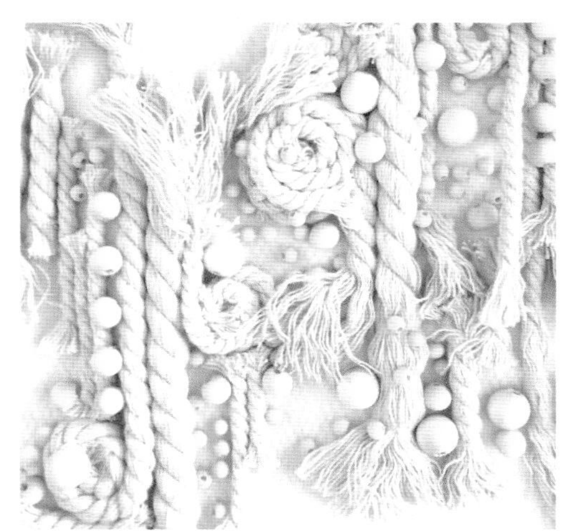

图 5-105　材质：棉线、木珠
技法：贴线绣、珠绣

图 5-106　材质：网纱面料、棉线、亮片
技法：平绣、亮片绣

图 5-107　材质：棉布、亮片、珠子
技法：珠片叠绣、堆积法

图 5-108　材质：棉线、珠子
技法：平绣、珠绣

图 5-109　材质：网眼面料、棉线
技法：长短绣

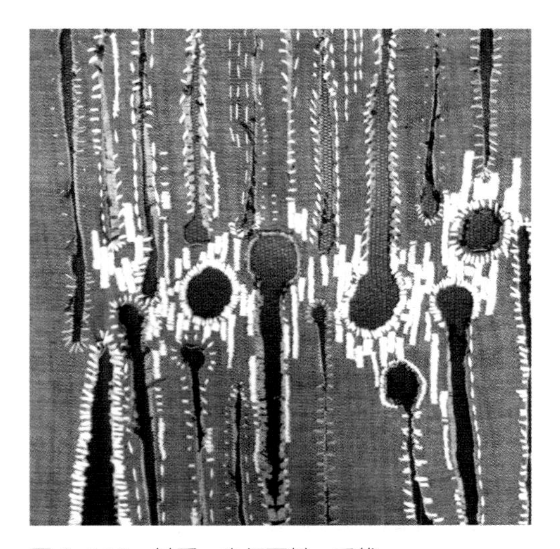

图 5-110　材质：牛仔面料、毛线
技法：镂空法、平绣、拱针绣

图 5-111　材质：毛线、染料
技法：堆积法、印染法

图 5-112　材质：网纱面料、毛线、线绳
技法：编织法、堆积法

图 5-113　材质：提花面料、线绳、假花、珠子
技法：贴线绣、珠绣、堆积法

图 5-114　材质：麻布、棉线、珠子
技法：打籽绣、平绣、珠绣

图 5-115　材质：牛仔面料、麻绳、亮片
　　　　　技法：平绣、拱针绣、亮片绣、抽纱法

图 5-116　材质：棉线、亮片、珠子
　　　　　技法：平绣、亮片绣、珠绣

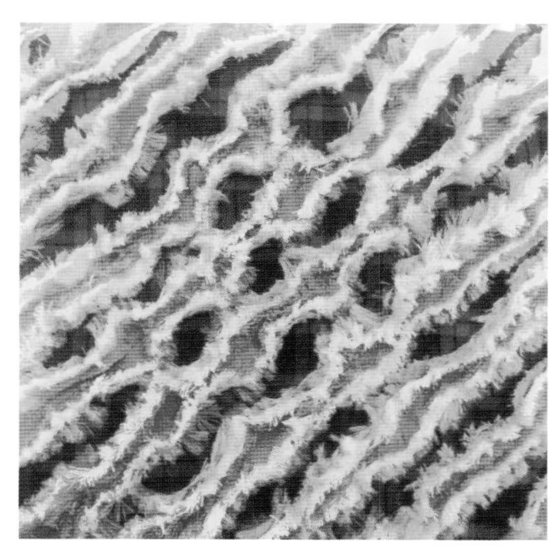

图 5-117　材质：棉布
　　　　　技法：抽纱法、叠加法

图 5-118　材质：棉布、纽扣
　　　　　技法：绗缝法、叠加法

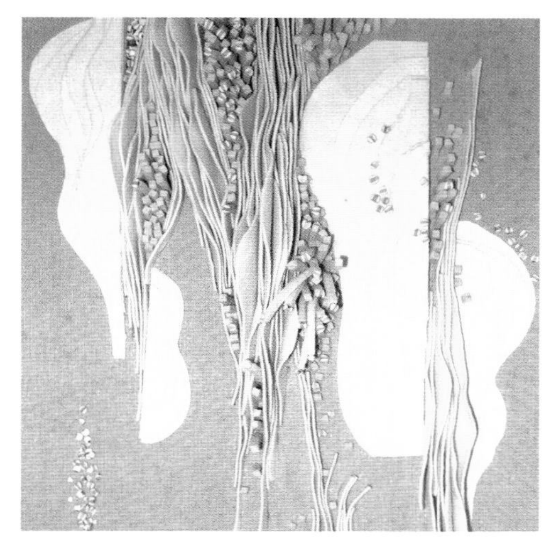

图 5-119　材质：鹿皮绒面料、皮条、珠子
　　　　　技法：叠加法、珠绣

图 5-120　材质：网纱面料、牛仔面料、珠子
　　　　　技法：抽纱法、褶皱法、珠绣

图 5-121　材质：网纱面料、填充棉
技法：堆积法、填充法

图 5-122　材质：网纱面料、棉布、棉线、珠子
技法：剪切法、堆积法、珠绣

图 5-123　材质：网纱面料、毛线、竹条
技法：堆积法

图 5-124　材质：褶皱面料、珠子、棉线
技法：堆积法、珠绣

图 5-125　材质：网纱面料、毛线、金属丝
技法：填充法、堆积法

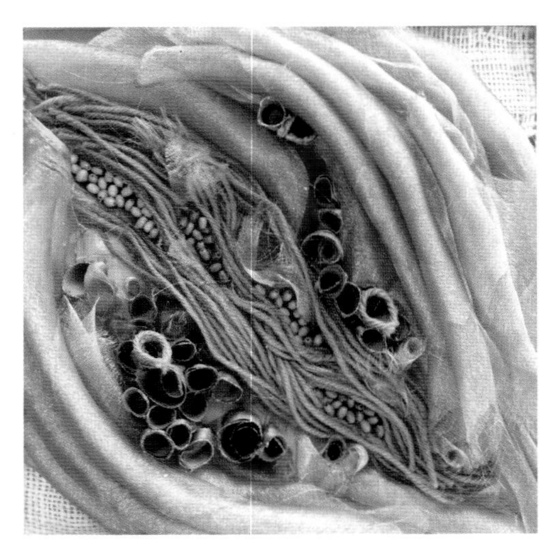

图 5-126　材质：网纱面料、珠子、毛线
技法：堆积法、珠绣

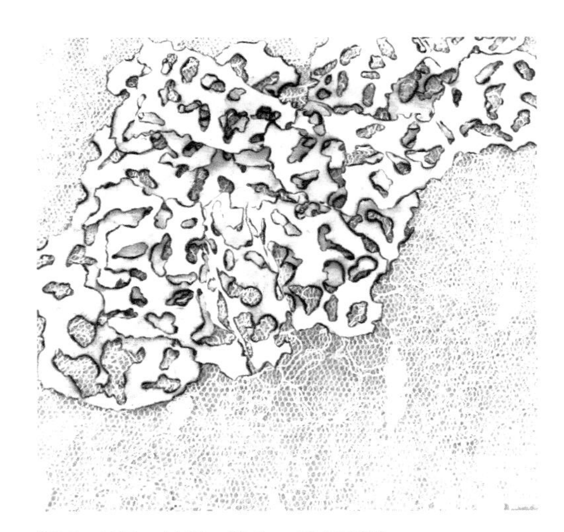

图 5-127　材质：棉布、蕾丝面料
技法：镂空法、堆积法

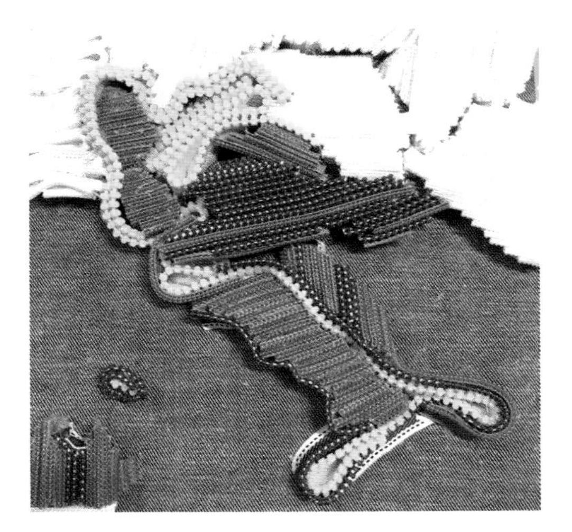

图 5-128　材质：牛仔面料、拉链
技法：堆积法

图 5-129　材质：网纱面料、珠子、毛线
技法：堆积法、珠绣

图 5-130　材质：毛线
技法：打籽绣、编织法

图 5-131　材质：网纱面料、珠子
技法：褶皱法、抽纱法、珠绣

图 5-132　材质：棉布、珠子
技法：褶皱法、珠绣

图 5-133　材质：棉布
技法：堆积法、烧烫法

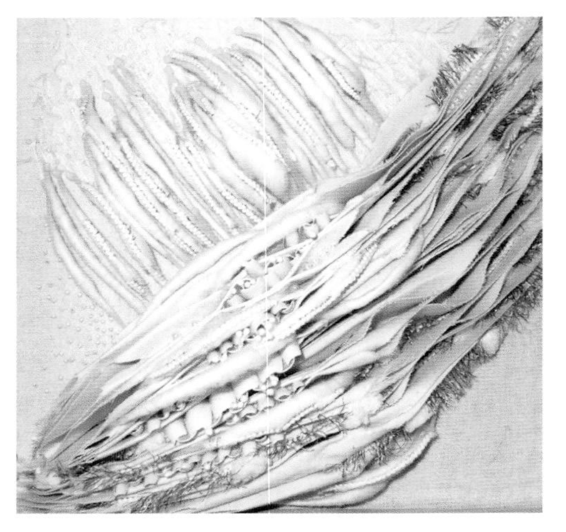

图 5-134　材质：棉布、羊毛毡、花边
技法：堆积法

图 5-135　材质：树叶、羊毛毡、棉线、假花
技法：填充法、打籽绣

图 5-136　材质：丝带、纽扣
技法：堆积法

图 5-137　材质：丝带、珠子、纽扣、填充棉
技法：填充法、堆积法

图 5-138　材质：丝光面料、珠子
技法：堆积法、珠绣

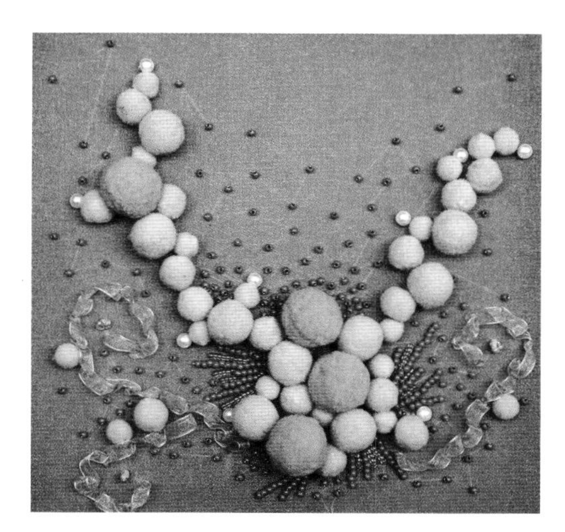

图 5-139　材质：羊毛毡球、珠子、丝带
技法：珠绣、堆积法

图 5-140　材质：羊毛毡球、珠子
技法：珠绣、堆积法

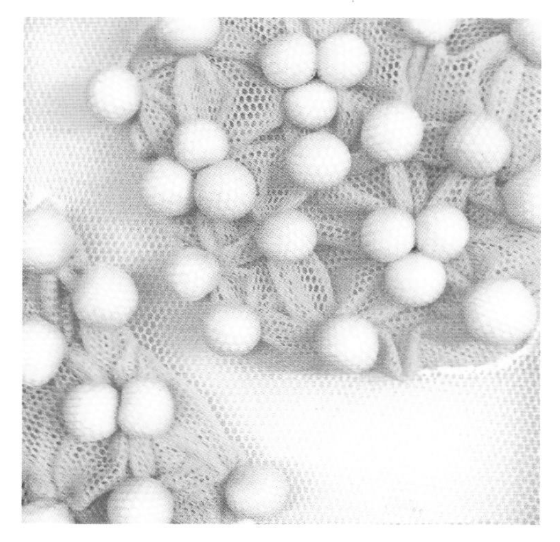

图 5-141　材质：网眼面料、羊毛毡球
技法：填充法、堆积法

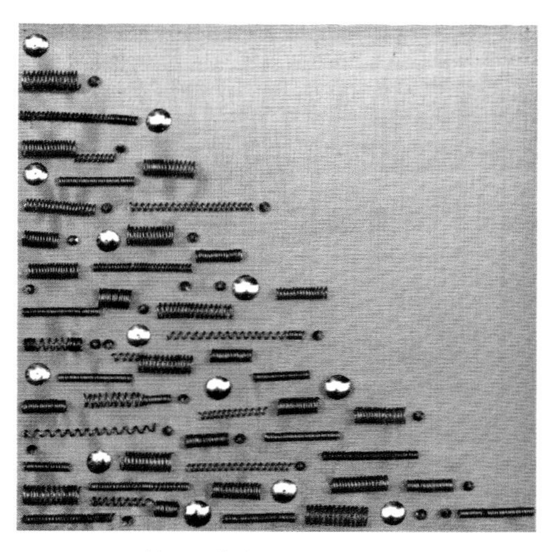

图 5-142　材质：棉布、金属丝、珠子
技法：贴线绣、珠绣

图 5-143　材质：丝带、蕾丝花边、纽扣
技法：编织法、堆积法

图 5-144　材质：羊毛毡球、羊毛毡、粗毛线、珠子
技法：堆积法、珠绣

图 5-145 材质：羽绒服面料、丝带、珠子、填充棉
技法：绗缝法、填充法、珠绣

图 5-146 材质：棉纱布、棉线、软陶
技法：堆积法

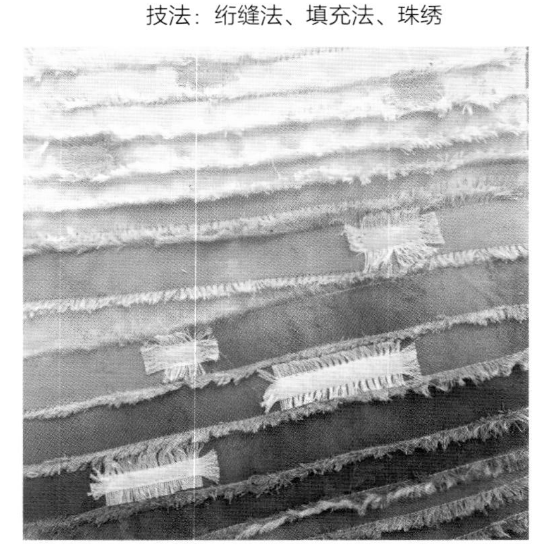

图 5-147 材质：棉布
技法：抽纱法、绗缝法

图 5-148 材质：鹿皮绒面料、亮片
技法：剪切法、亮片绣

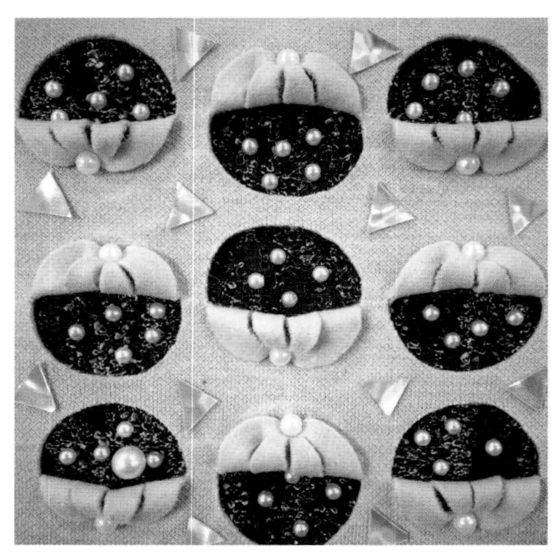

图 5-149 材质：针织面料、网纱面料、珠子
技法：剪切法、珠绣

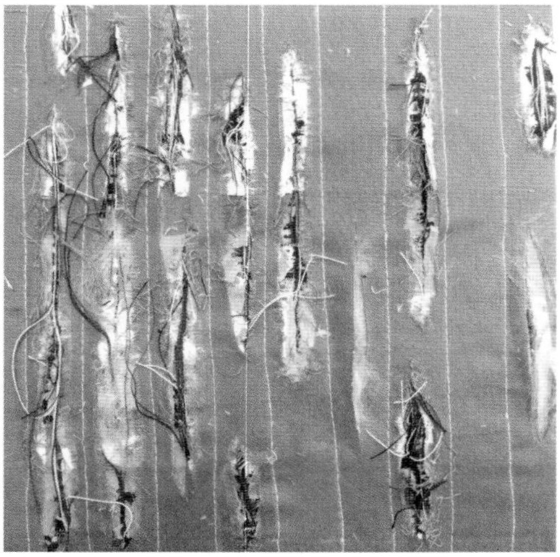

图 5-150 材质：棉布
技法：绗缝法、剪切法

图 5-151　材质：棉麻面料、珠子、羊毛毡
技法：堆积法、珠绣

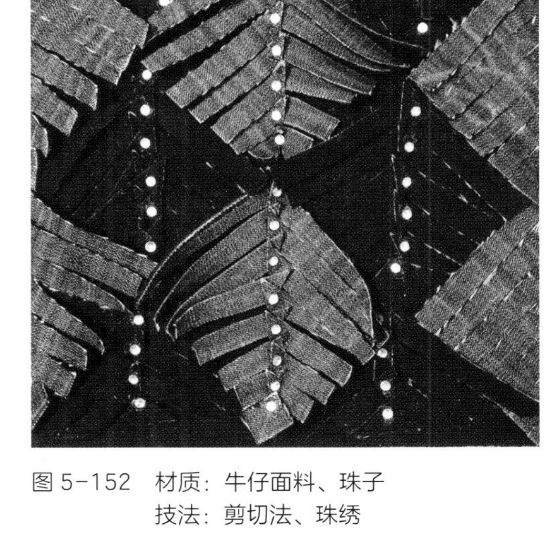

图 5-152　材质：牛仔面料、珠子
技法：剪切法、珠绣

图 5-153　材质：羊毛毡布、羊毛毡球、珠子
技法：剪切法、珠绣、镂空法、堆积法

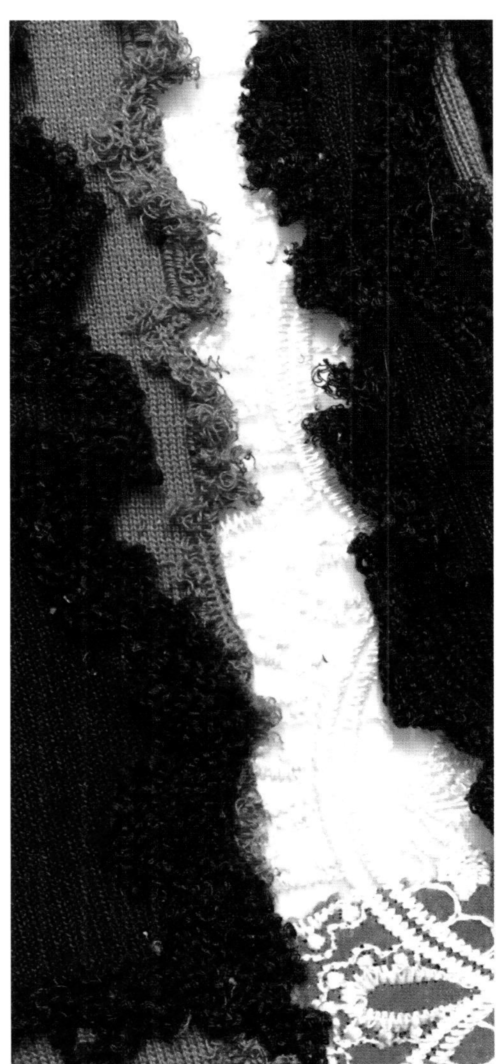

图 5-154　材质：针织面料、蕾丝面料
技法：抽丝法、叠加法、堆积法

图 5-155　材质：牛仔面料、网眼面料、连接环
技法：镂空法

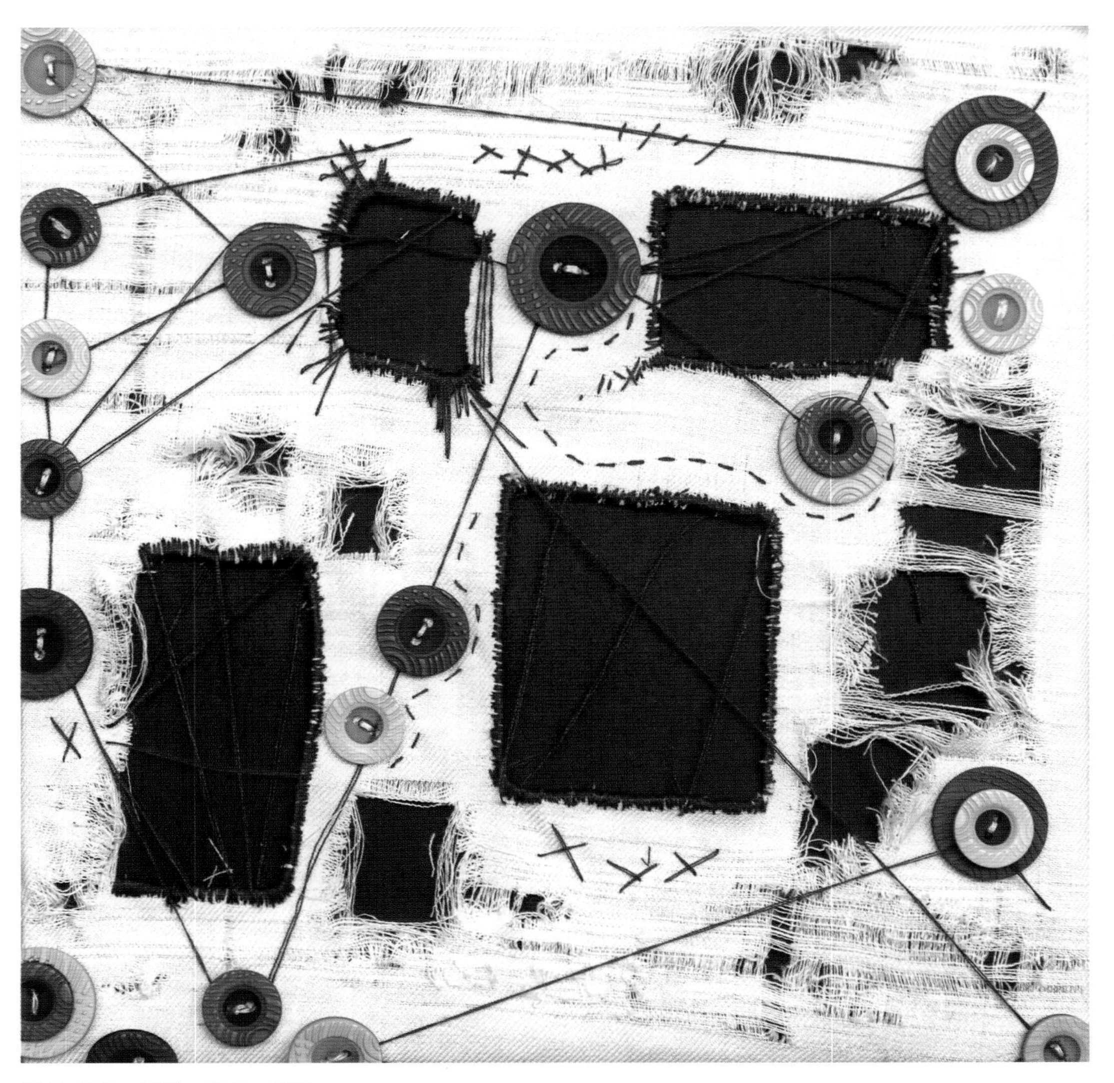

图 5-156　材质：麻布、纽扣
技法：镂空法、抽纱法、叠加法、平绣、拱针绣

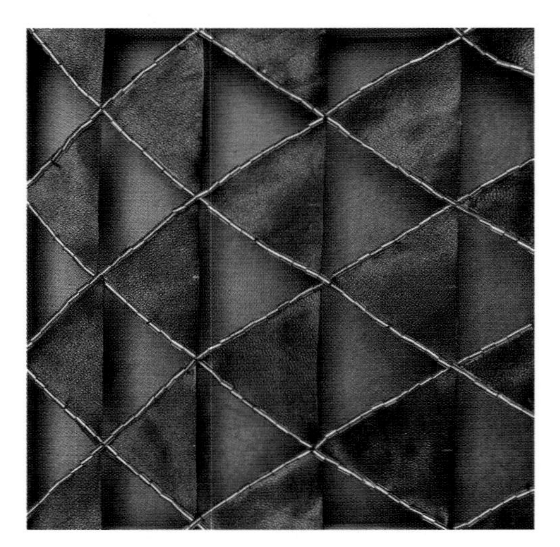

图 5-157　材质：网纱面料、皮革、珠子
技法：镂空法、珠绣

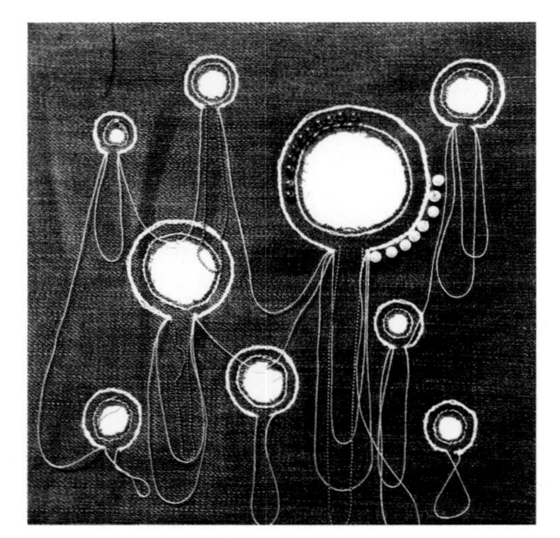

图 5-158　材质：牛仔面料、珠子、线绳
技法：镂空法、珠绣、锁链绣

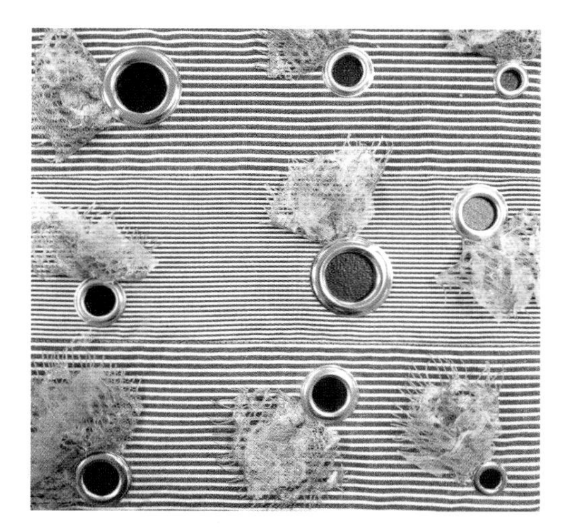

图 5-159　材质：棉布、蕾丝面料、气眼扣
技法：镂空法、堆积法

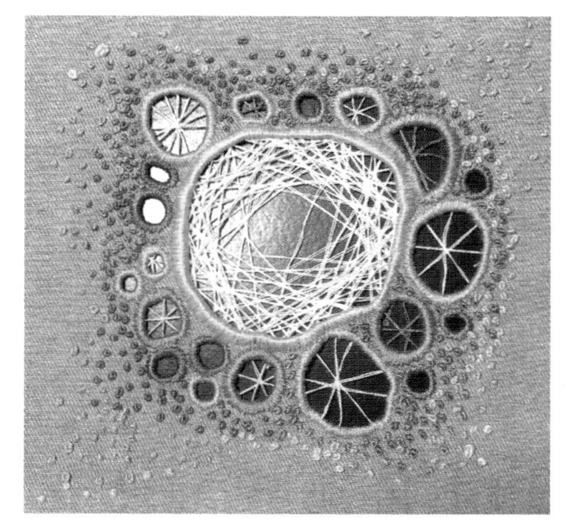

图 5-160　材质：牛仔面料、棉线
技法：镂空法、打籽绣、平绣

图 5-161　材质：黑、白皮革
技法：镂空法

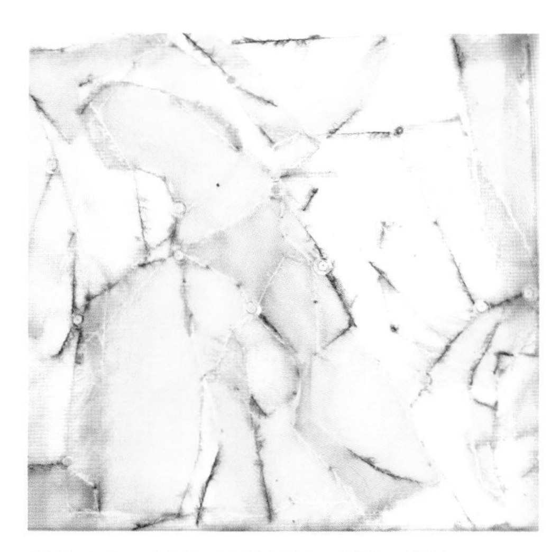

图 5-162　材质：网纱面料、毛线、亮片
技法：拼接法、贴线绣、亮片绣

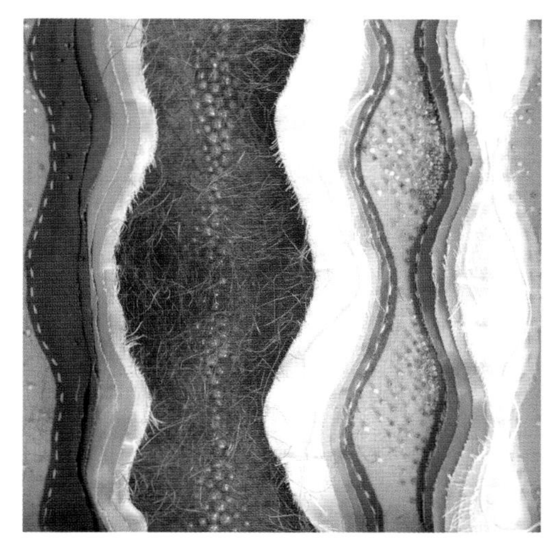

图 5-163　材质：棉布、珠子、棉线
技法：堆积法、珠绣、打籽绣

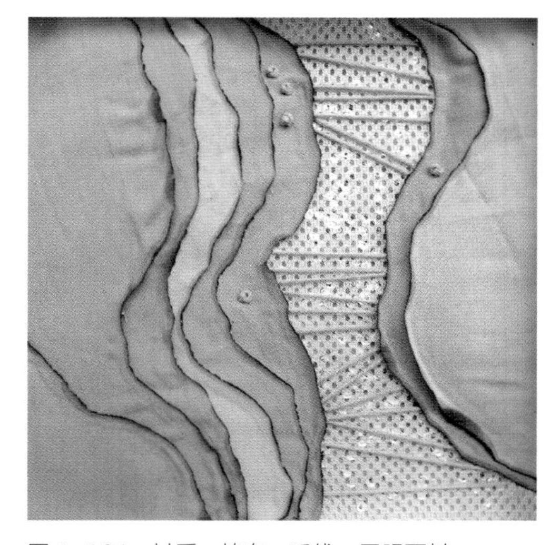

图 5-164　材质：棉布、毛线、网眼面料
技法：叠加法、编织法

图 5-165　材质：棉布、丝带、毛线、珠子、亮片
　　　　　技法：编织法、珠绣、亮片绣

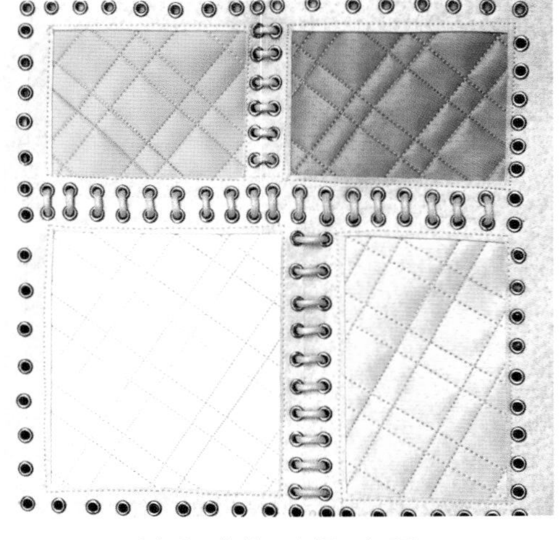

图 5-166　材质：皮革、皮绳、气眼扣
　　　　　技法：镂空法、绗缝法、编织法

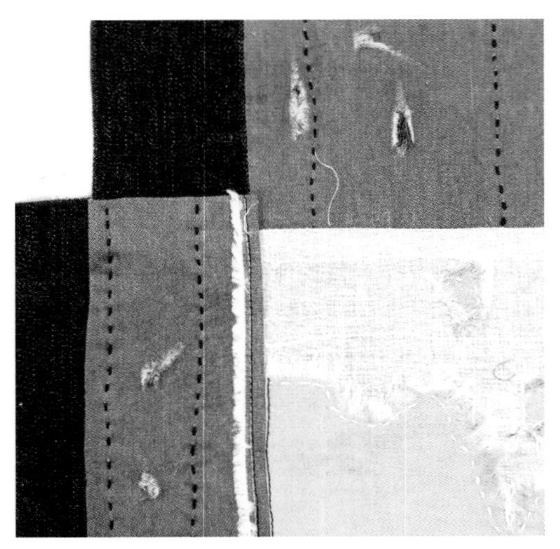

图 5-167　材质：牛仔面料、棉布
　　　　　技法：拼接法、拱针绣

图 5-168　材质：皮革、皮绳、珠子、亮片
　　　　　技法：贴花法、亮片绣、珠绣

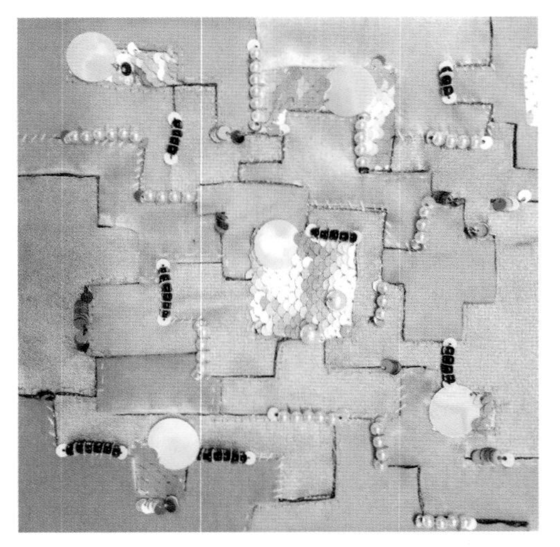

图 5-169　材质：鹿皮绒面料、珠子、亮片
　　　　　技法：拼接法、堆积法、珠绣、亮片绣、珠片叠绣

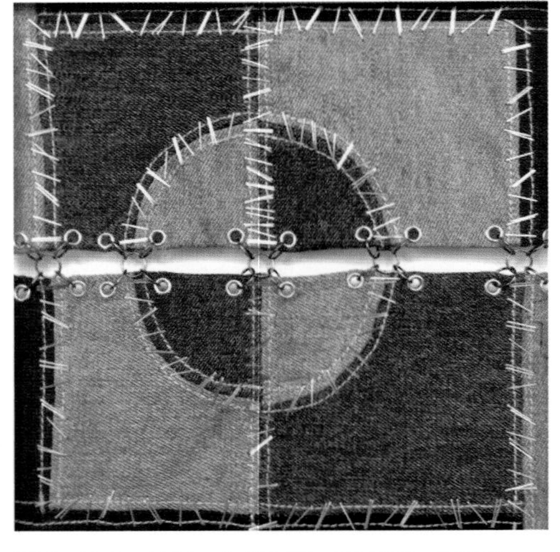

图 5-170　材质：牛仔面料、订书钉、气眼扣、连接圈
　　　　　技法：拼接法、绗缝法

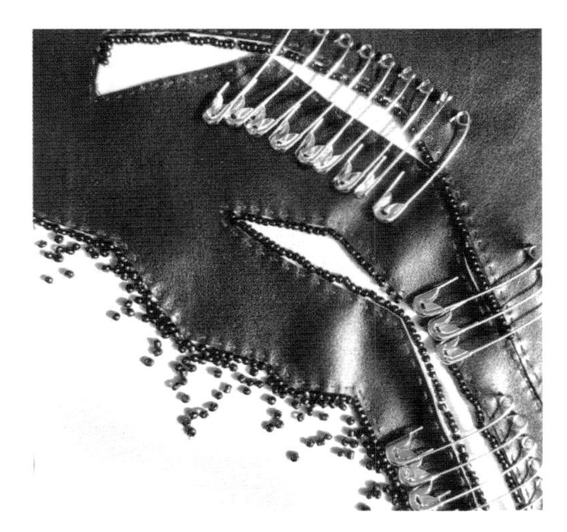

图 5-171　材质：皮革、珠子、别针
技法：剪切法、珠绣

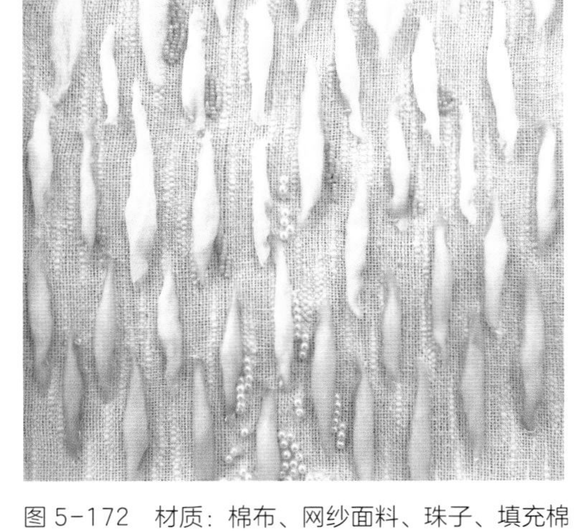

图 5-172　材质：棉布、网纱面料、珠子、填充棉
技法：剪切法、填充法、珠绣

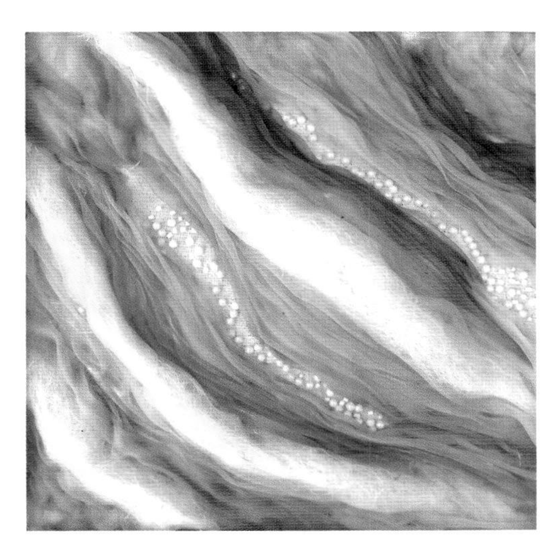

图 5-173　材质：网纱面料、珠子、纱线
技法：填充法、堆积法、珠绣

图 5-174　材质：网纱面料、填充棉、珠子
技法：填充法、堆积法、珠绣

图 5-175　材质：棉布、染料
技法：扎染、贴花法

图 5-176　材质：闪光面料、珠子、填充棉
技法：镂空法、填充法、珠绣

图 5-177 材质：网纱面料、填充棉
技法：填充法、堆积法

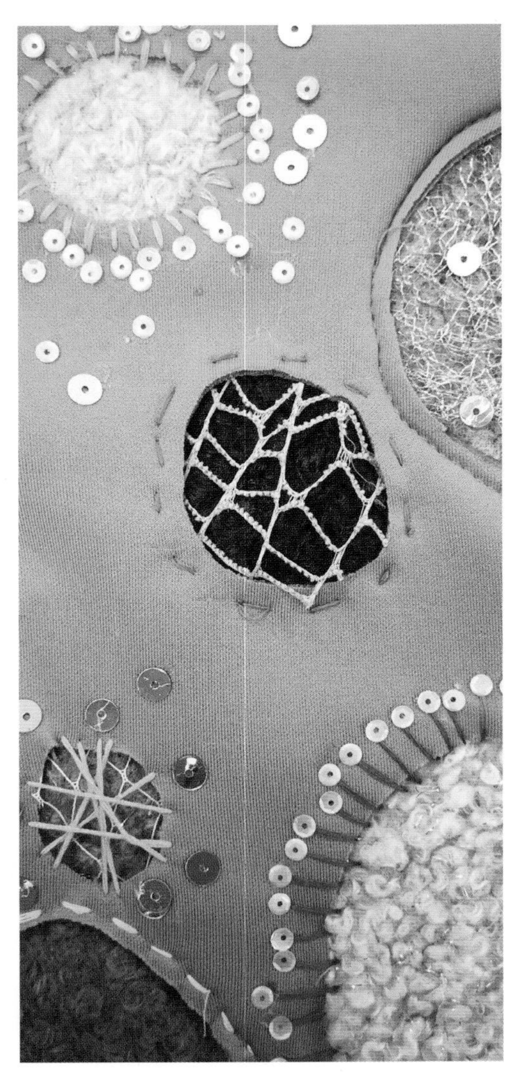

图 5-178 材质：太空棉、网眼面料、毛线
技法：镂空法、亮片绣、填充

图 5-179 材质：丝带
技法：叠加法

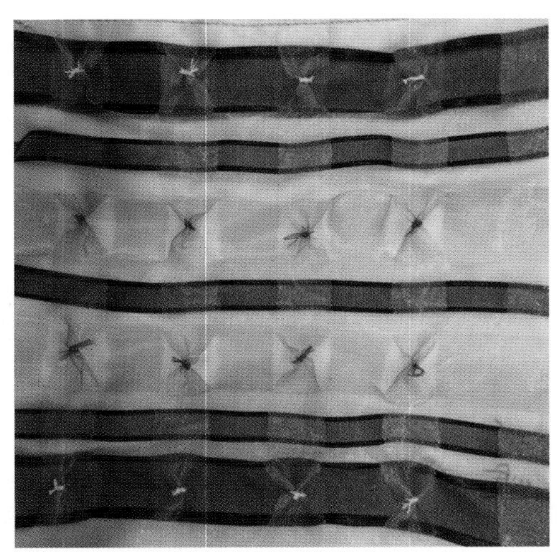

图 5-180 材质：网纱面料、丝带
技法：编织法、叠加法

图 5-181 材质：褶皱面料
技法：叠加法

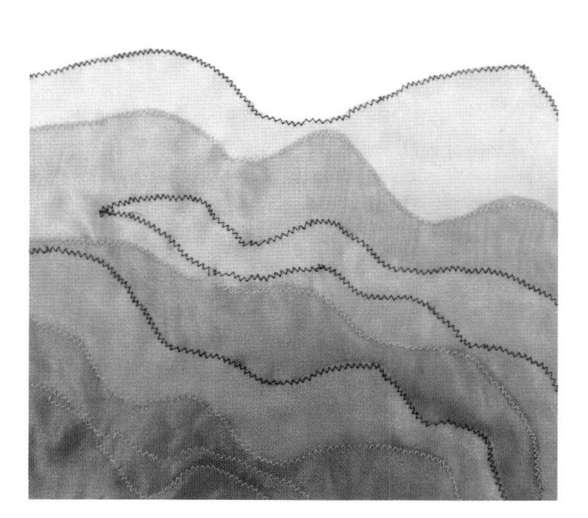

图 5-182　材质：网纱面料、棉线
技法：叠加法、绗缝法

图 5-183　材质：灯芯绒面料、棉线
技法：贴花法、绗缝法、线绣

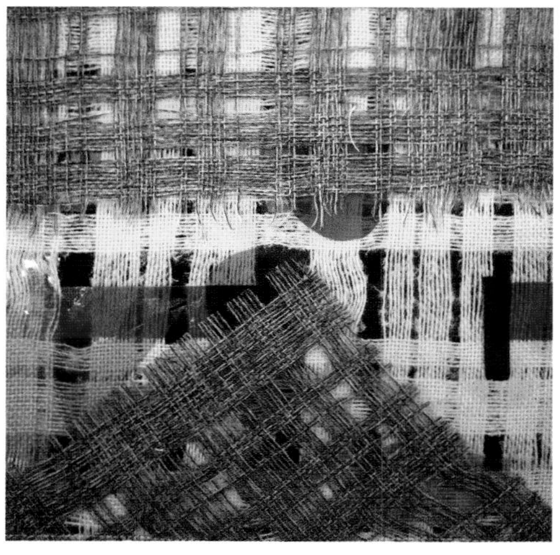

图 5-184　材质：麻布、TPU 面料
技法：抽纱法、拼接法

图 5-185　材质：棉布、亮片
技法：贴花法、亮片绣

图 5-186　材质：麻布、蕾丝
技法：叠加法、烧烫法、拱针绣

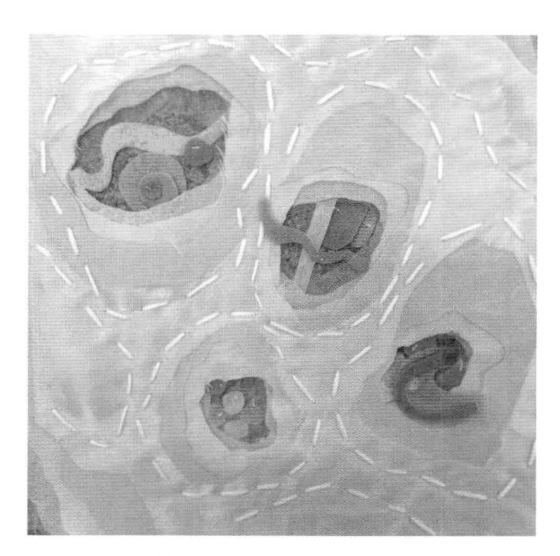

图 5-187　材质：网纱面料、毛毡面料
技法：镂空法、叠加法、拱针绣

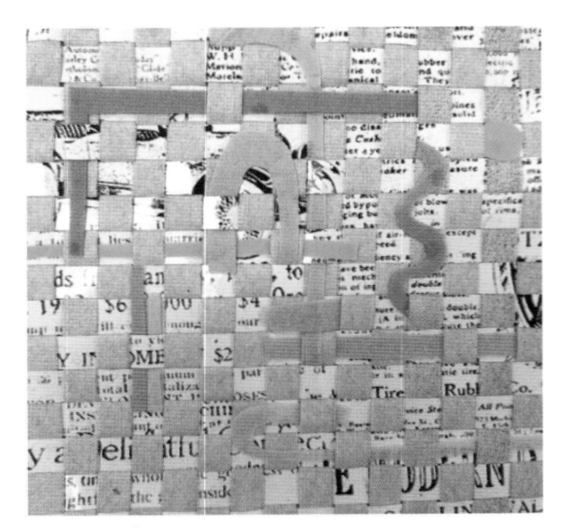

图 5-188　材质：毛毡面料、反光印花面料
技法：编织法

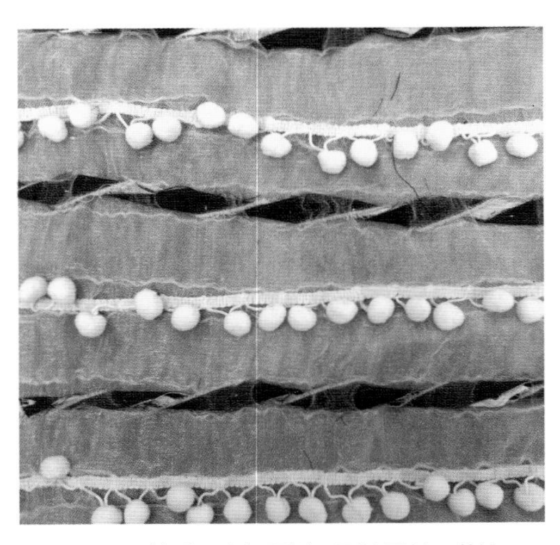

图 5-189　材质：牛仔面料、网纱面料、花边
技法：剪切法、叠加法

图 5-190　材质：棉线
技法：平绣、打籽绣

图 5-191　材质：棉线、羊毛毡
技法：平绣、打籽绣、堆积法

图 5-192　材质：棉线
技法：长短绣、平绣

图 5-193　材质：棉线
技法：长短绣、平绣、打籽绣

图 5-194　材质：棉线、木珠
技法：长短绣、平绣、打籽绣、珠绣

图 5-195　材质：针织布、棉线
技法：平绣、贴花法

图 5-196　材质：棉线、珠子
技法：平绣、乱针绣、珠绣

图 5-197　材质：网纱面料、棉线
技法：平绣、长短绣、打籽绣、叠加法

图 5-198　材质：棉线
技法：平绣、回针绣

图 5-199　材质：棉布、棉线
技法：平绣、打籽绣、长短绣

图 5-200　材质：丝带、珠子
技法：珠绣、丝带绣

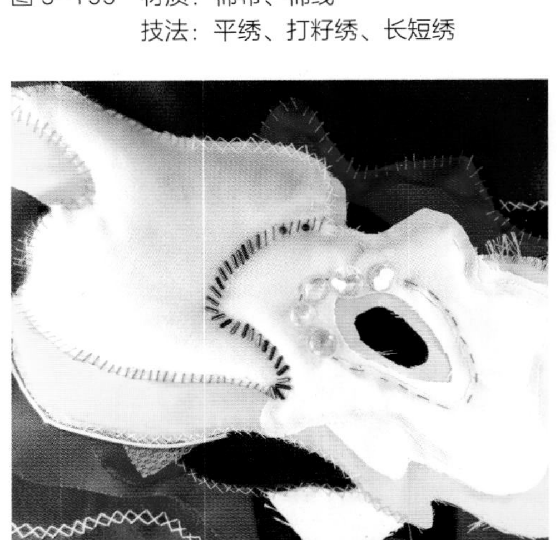

图 5-201　材质：棉布、填充棉、珠子
技法：十字绣、珠绣、填充法、镂空法

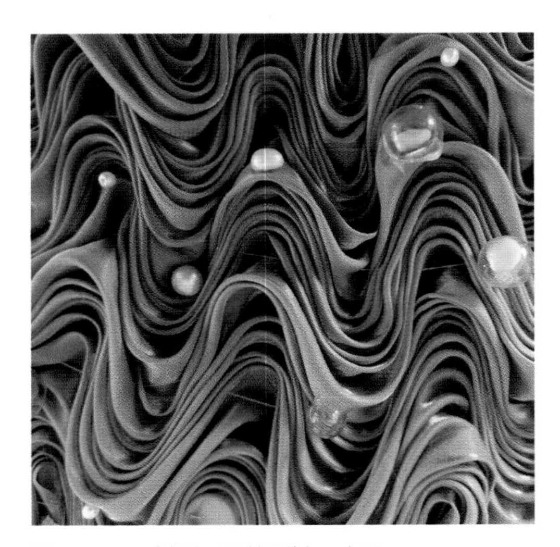

图 5-202　材质：混纺面料、珠子
技法：褶皱法、珠绣

图 5-203　材质：反光面料
技法：堆积法

图 5-204　材质：混纺面料、填充棉、珠子
技法：填充法、珠绣

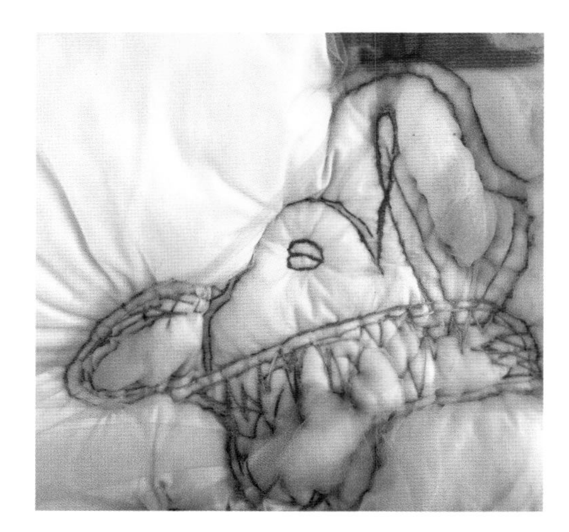

图 5-205　材质：网纱面料、填充棉、羊毛毡
技法：填充法、拱针绣

图 5-206　材质：反光面料
技法：剪切法、褶皱法

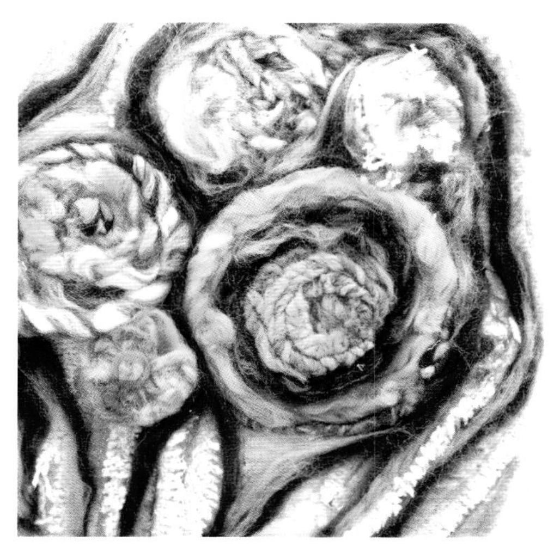

图 5-207　材质：羊毛毡
技法：毛毡法、堆积法

图 5-208　材质：棉布、羊毛毡、棉线
技法：毛毡法、锁链绣、打籽绣

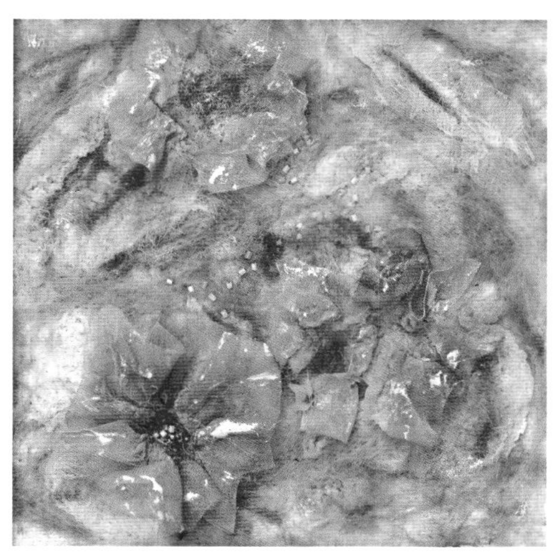

图 5-209　材质：羊毛毡、网纱面料、珠子
技法：毛毡法、褶皱法、珠绣

图 5-210　材质：羊毛毡、流苏、珠子、亮片
技法：编织法、堆积法、珠绣、亮片绣

图 5-211　材质：针织面料、填充棉、亮片、珠子
技法：填充法、珠绣、亮片绣、打籽绣

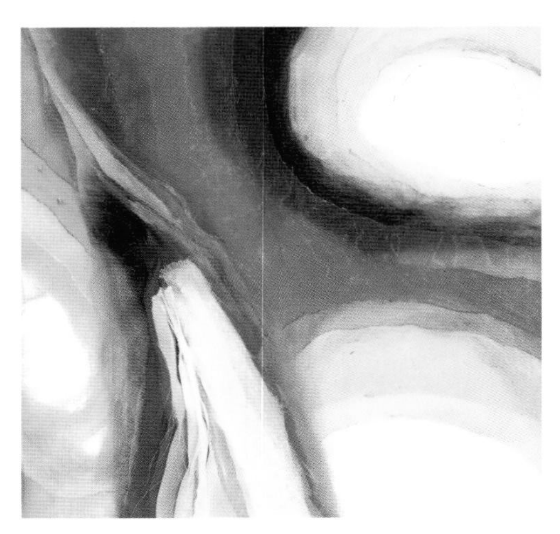

图 5-212　材质：网纱面料
技法：镂空法、叠加法

图 5-213　材质：羊毛毡、网眼面料、珠子
技法：毛毡法、珠绣

图 5-214　材质：羊毛毡、网纱面料
技法：毛毡法

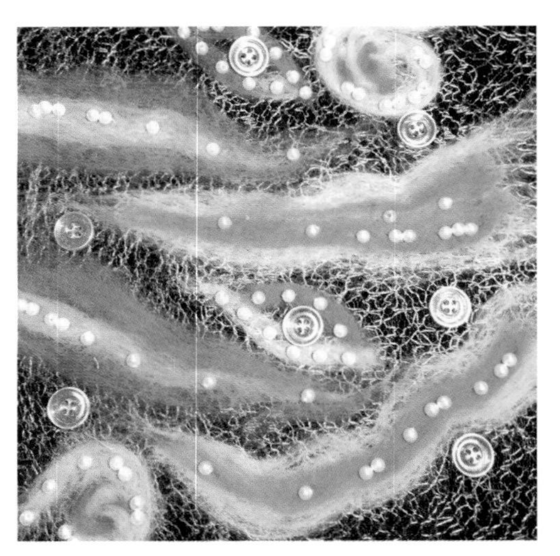

图 5-215　材质：银线网纱、羊毛毡、纽扣、珠子
技法：毛毡法、珠绣

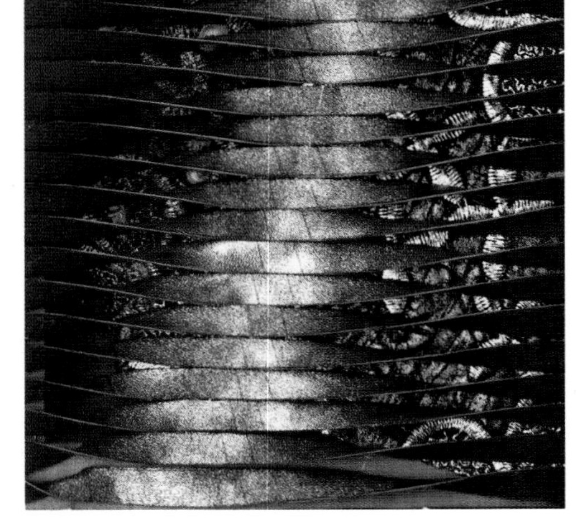

图 5-216　材质：皮革
技法：叠加法、剪切法

图 5-217　材质：网纱面料、珠子
技法：褶皱法、珠绣

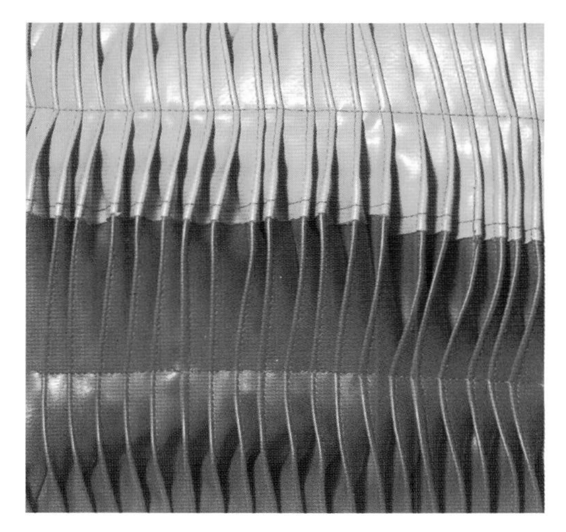

图 5-218　材质：皮革
技法：褶皱法

图 5-219　材质：各色丝带、填充棉、亮片、珠子
技法：褶皱法、填充法、堆积法、亮片绣、珠绣

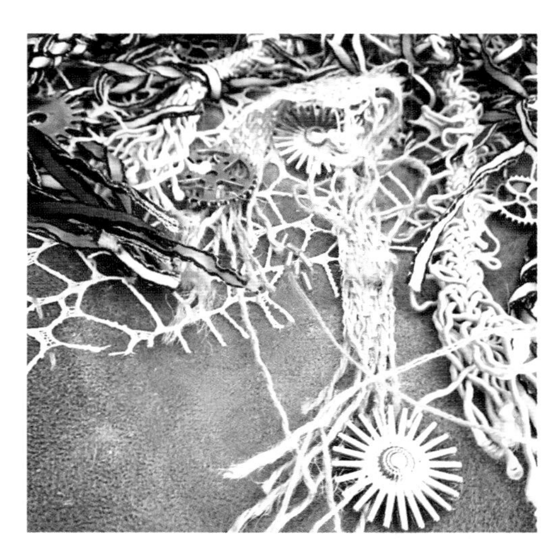

图 5-220　材质：线绳、网眼面料
技法：堆积法

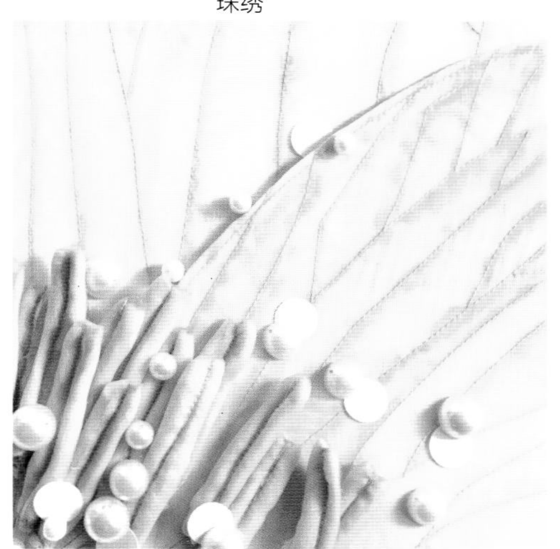

图 5-221　材质：网纱面料、珠子、亮片、填充棉
技法：绗缝法、填充法、珠绣、亮片绣

图 5-222　材质：线绳、褶皱面料
技法：编织法、填充法

图 5-223 材质：麻布、网纱面料、毛线、填充棉
技法：堆积法、打籽绣、填充法

图 5-224 材质：网纱面料、金属丝、珠子
技法：剪切法、堆积法

图 5-225 材质：混纺面料、线绳、丝带、金属丝
技法：堆积法

图 5-226 材质：麻布、蕾丝花边、纽扣
技法：抽纱法、十字绣、拱针绣、贴花法

图 5-227 材质：网眼面料、网纱面料、填充棉、珠子
技法：堆积法、珠绣、填充法、抽纱法

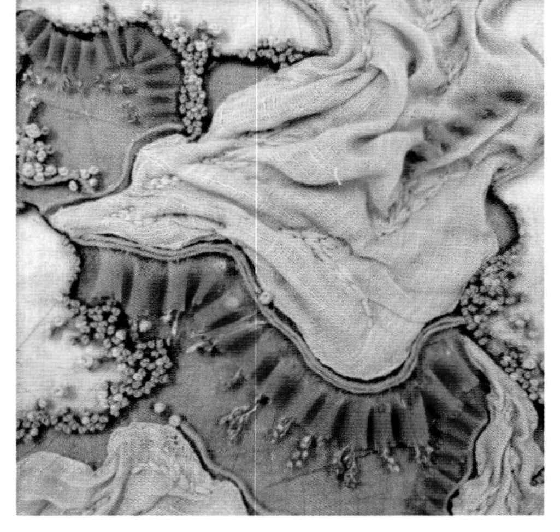

图 5-228 材质：棉布、网纱面料、毛线
技法：褶皱法、打籽绣、拱针绣

图 5-229　材质：针织面料、树叶、毛线
技法：堆积法

图 5-230　材质：棉布、麻布、填充棉、珠子
技法：堆积法、珠绣

图 5-231　材质：网纱面料、珠子
技法：珠绣、堆积法

图 5-232　材质：花边、纽扣
技法：贴花法、抽纱绣

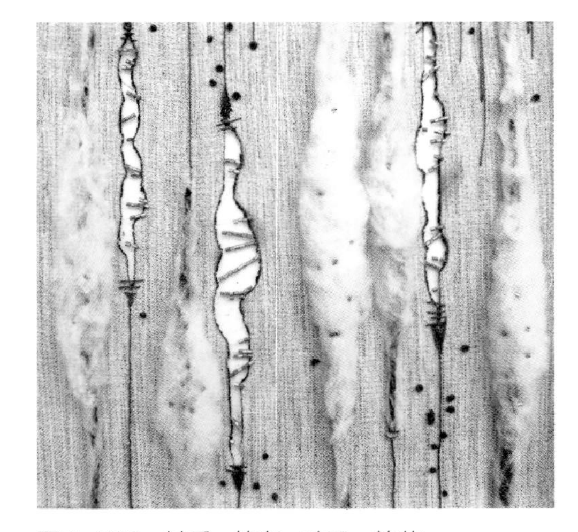

图 5-233　材质：棉布、珠子、棉花
技法：烧烫法、珠绣

图 5-234　材质：丝带、纽扣、毛线、珠子
技法：堆积法、珠绣、贴线绣

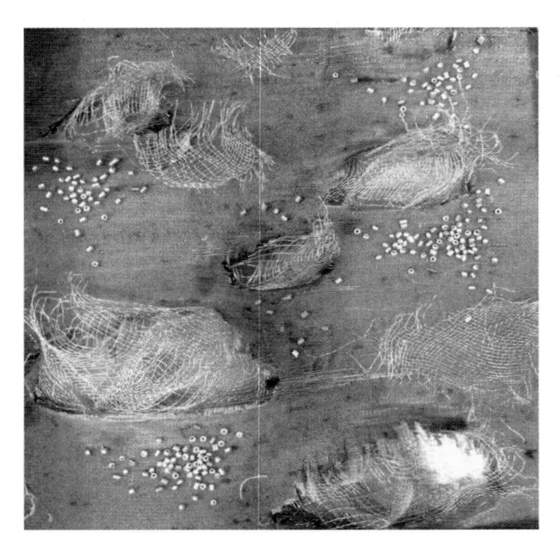

图 5-235　材质：网纱面料、珠子
技法：珠绣、镂空法

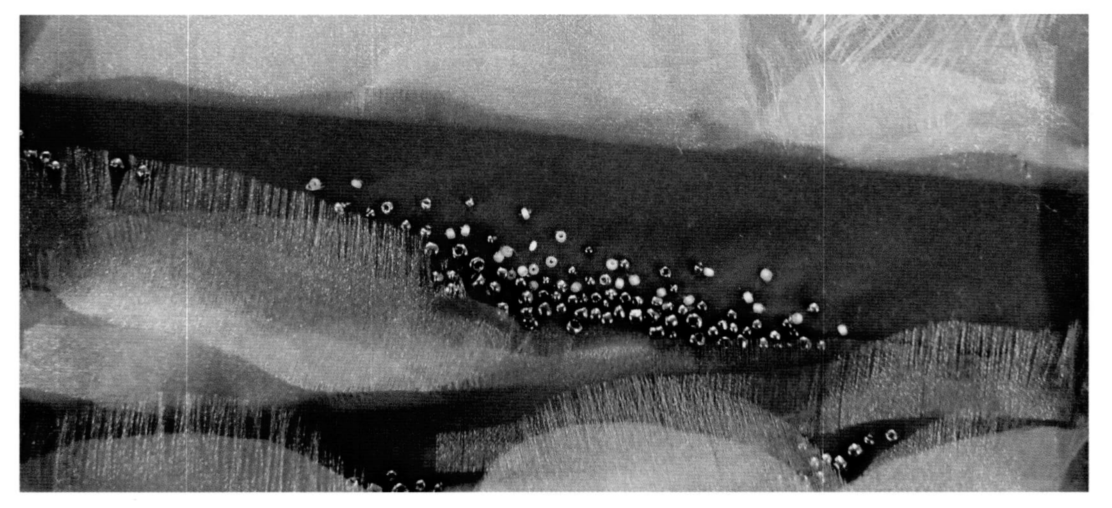

图 5-236　材质：网纱面料、珠子
技法：叠加法、抽纱法、珠绣

图 5-237　材质：皮革、丝带
技法：编织法、堆积法

图 5-238　材质：麻布、丝带、纽扣、工艺花蕊
技法：堆积法、珠绣

图 5-239　材质：瓷片、毛线、暗扣、珠子、亮片
技法：平绣、珠绣、亮片绣

图 5-240　材质：棉布、线绳
技法：抽纱法、堆积法

图 5-241　材质：毛呢面料、毛线
技法：褶皱法、堆积法、打籽绣

图 5-242　材质：网纱面料、网眼面料、纽扣
技法：堆积法

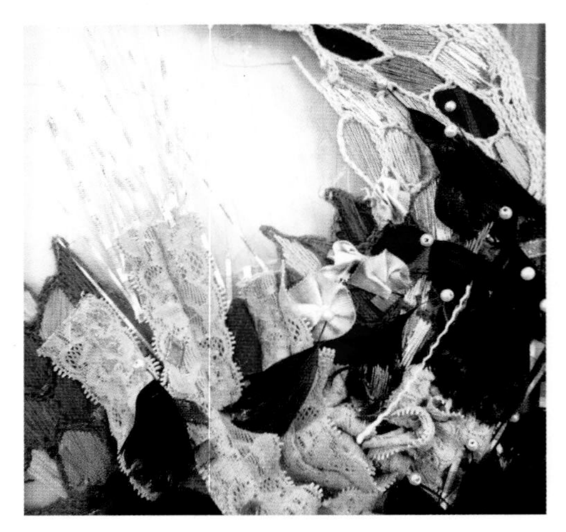

图 5-243　材质：蕾丝面料、丝带、毛线
技法：堆积法、锁链绣、平绣

图 5-244　材质：花边、羊毛毡球、毛线
技法：拱针绣、堆积法、贴花法

图 5-245　材质：网纱面料、棉线、珠子
技法：抽纱法、堆积法、珠绣

图 5-246　材质：麻布、珠子
技法：抽纱法、叠加法、珠绣

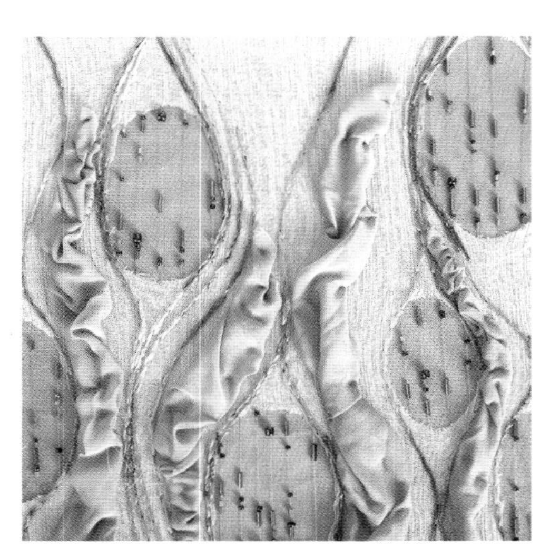

图 5-247　材质：棉布、毛线、珠子
技法：褶皱法、镂空法、珠绣、锁链绣

图 5-248　材质：棉布、丝带、珠子
技法：堆积法、珠绣

图 5-249 材质：毛线、棉布、花边、珠子
技法：堆积法、抽纱法、珠绣

图 5-250 材质：网纱面料、弹簧、花边
技法：抽纱法、堆积法

图 5-251 材质：棉布、网纱面料、棉线
技法：抽纱法、贴花法、乱针绣

图 5-252 材质：雪纺面料、线绳、珠子
技法：堆积法、编织法、珠绣

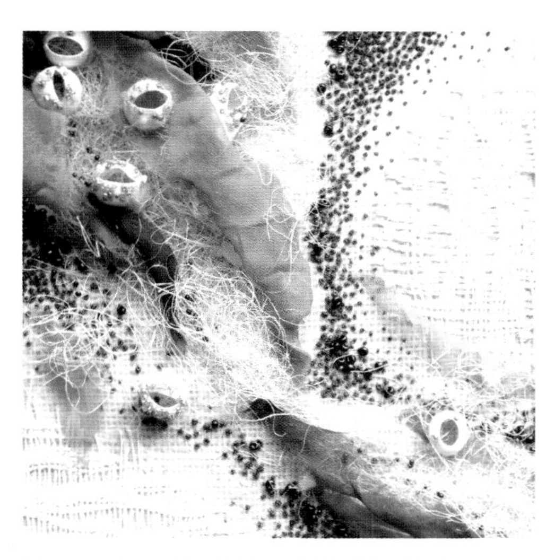

图 5-253 材质：麻布、雪纺面料、珠子、棉线、蚕茧壳
技法：堆积法、珠绣、打籽绣

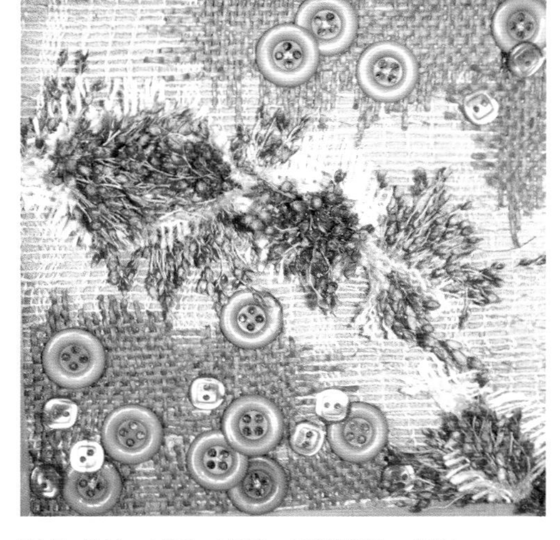

图 5-254 材质：麻线、工艺花蕊、纽扣
技法：堆积法、编织法

图 5-255 材质：网眼面料、金属丝
技法：堆积法

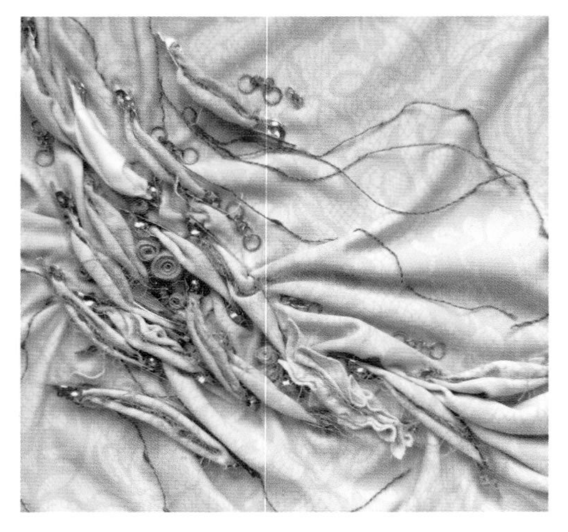

图 5-256 材质：针织面料、丝带
技法：堆积法

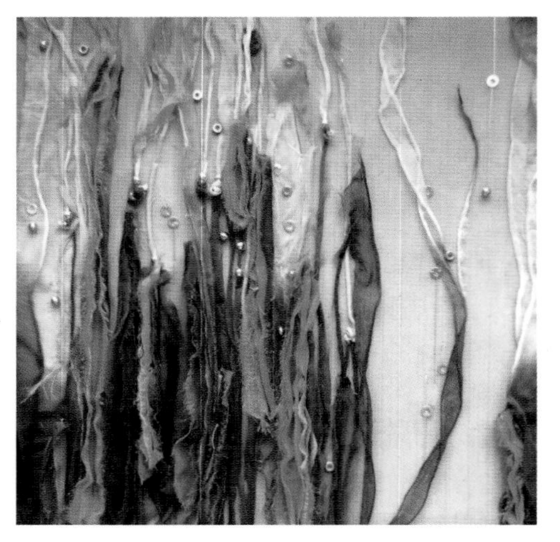

图 5-257 材质：网纱面料、亮片
技法：抽纱法、堆积法、亮片绣

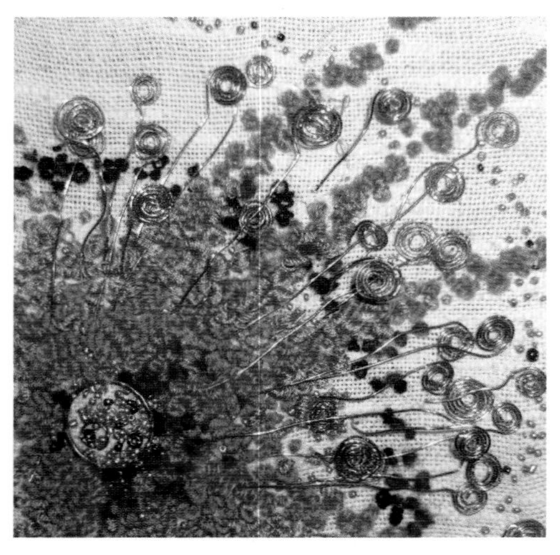

图 5-258 材质：毛线、金属丝、珠子
技法：堆积法、打籽绣、珠绣

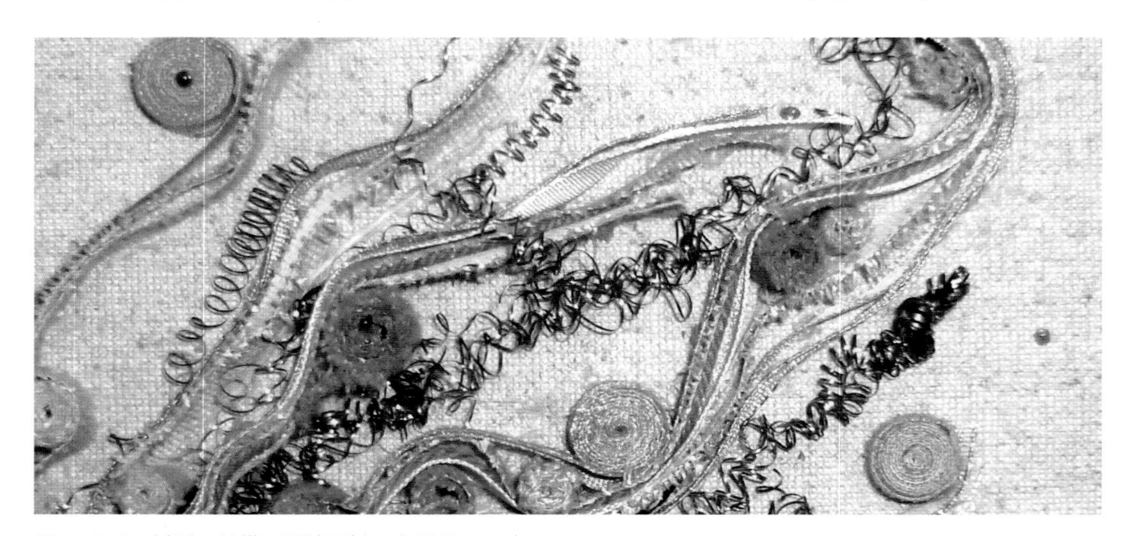

图 5-259 材质：丝带、网纱面料、金属丝
技法：堆积法

图 5-260　材质：毛线、网纱面料
技法：编织法、堆积法

图 5-261　材质：雪纺面料、珠子
技法：堆积法、珠绣

图 5-262　材质：雪纺面料、花边、珠子、亮片
技法：堆积法、珠绣、亮片绣

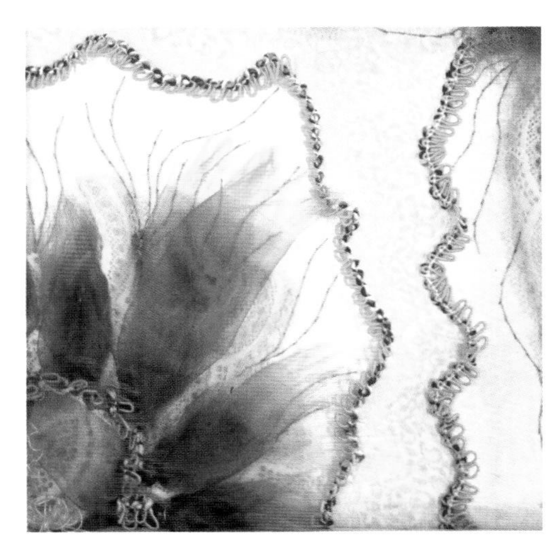

图 5-263　材质：网纱面料、花边
技法：抽纱法、贴线绣

图 5-264　材质：雪纺面料、花边、珠子
技法：堆积法、珠绣

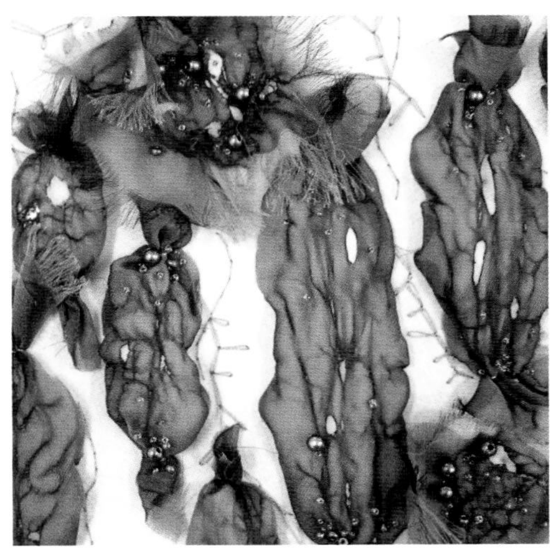

图 5-265　材质：网纱面料、珠子
技法：抽纱法、烧烫法、珠绣

图 5-266　材质：网纱面料、网眼面料、毛线
技法：编织法、堆积法

图 5-267　材质：网纱面料、棉线、毛线、珠子
技法：堆积法、珠绣、贴线绣

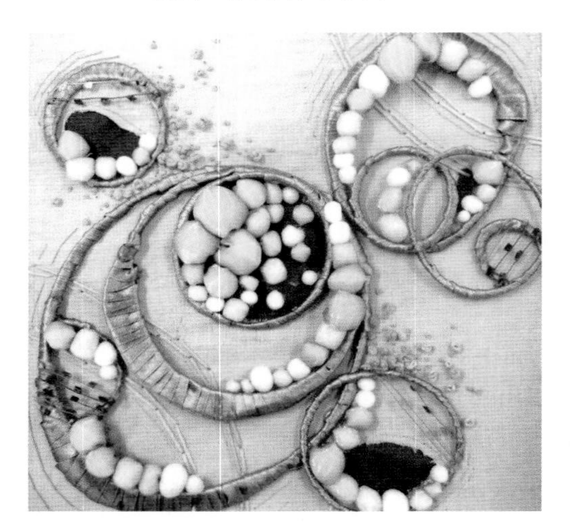

图 5-268　材质：网纱面料、填充棉、丝带、金属丝、毛线
技法：填充法、堆积法、编织法、打籽绣

图 5-269　材质：混纺面料、丝带、线绳
技法：褶皱法、堆积法

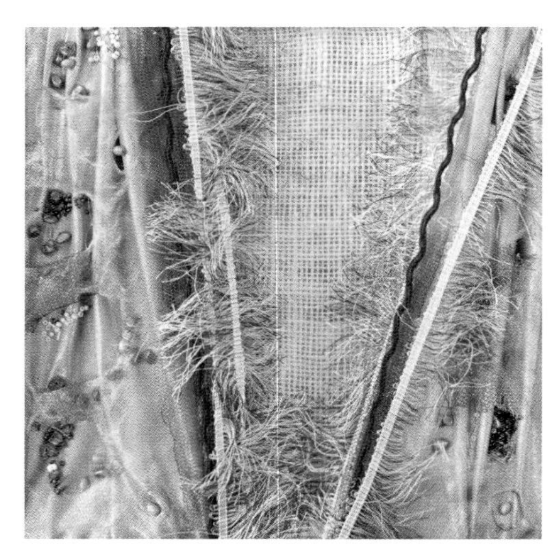

图 5-270　材质：网纱面料、花边、珠子
技法：堆积法、珠绣、抽丝法

图 5-271　材质：棉布、毛线、羊毛毡球
技法：抽纱法、堆积法

图 5-272　材质：网纱面料、皮革
技法：贴花法、烧烫法

图 5-273　材质：网纱面料、丝带、麻线
技法：堆积法、乱针绣

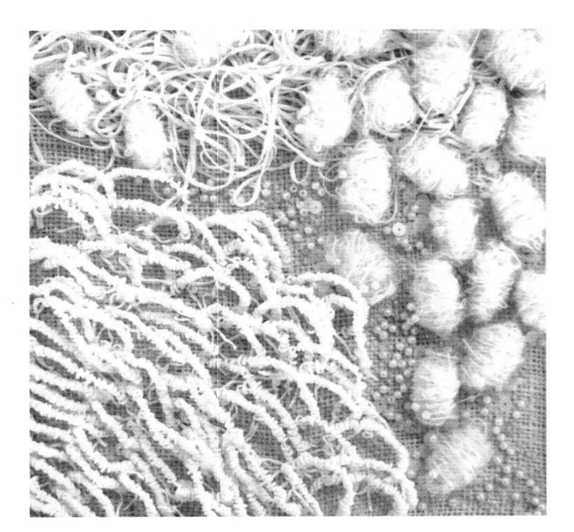

图 5-274 材质：毛线、珠子、亮片、金属丝
技法：编织法、珠绣、亮片绣

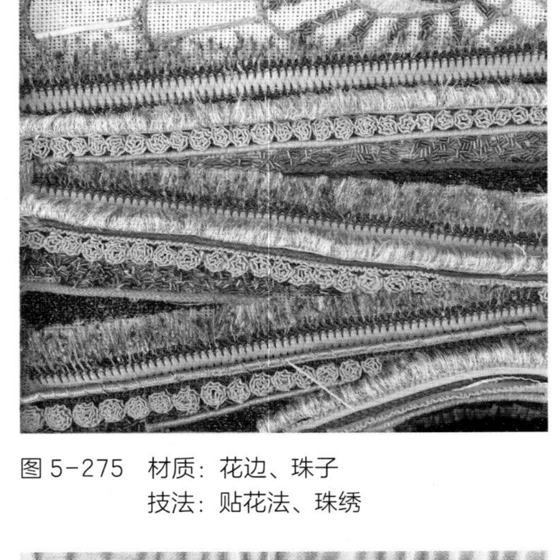

图 5-275 材质：花边、珠子
技法：贴花法、珠绣

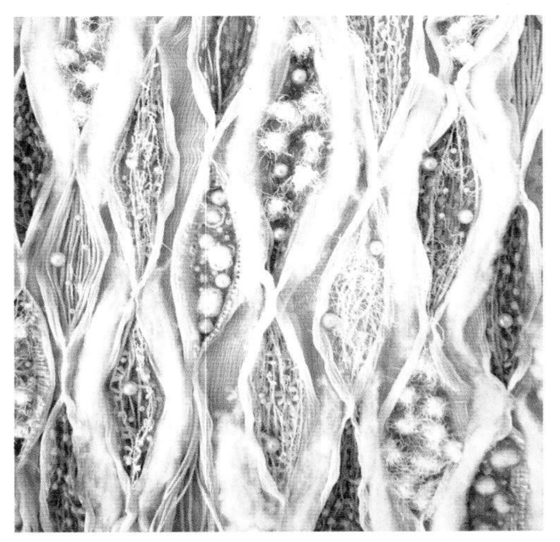

图 5-276 材质：褶皱面料、填充棉、珠子、毛线
技法：填充法、珠绣

图 5-277 材质：棉布、针织面料、丝带、纽扣、珠子
技法：褶皱法、堆积法、贴花法、珠绣

图 5-278 材质：棉布、网纱面料、珠子、绒花
技法：贴花法、珠绣、堆积法

图 5-279　材质：网纱面料、丝带、珠子
技法：堆积法、珠绣

图 5-280　材质：网纱面料、蚕茧壳、珠子
技法：堆积法、填充法、珠绣

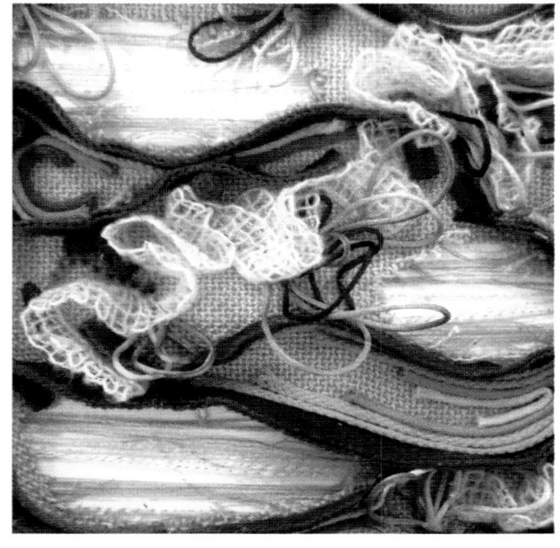

图 5-281　材质：棉布、棉线、毛线
技法：编织法、贴线绣、堆积法、抽纱法

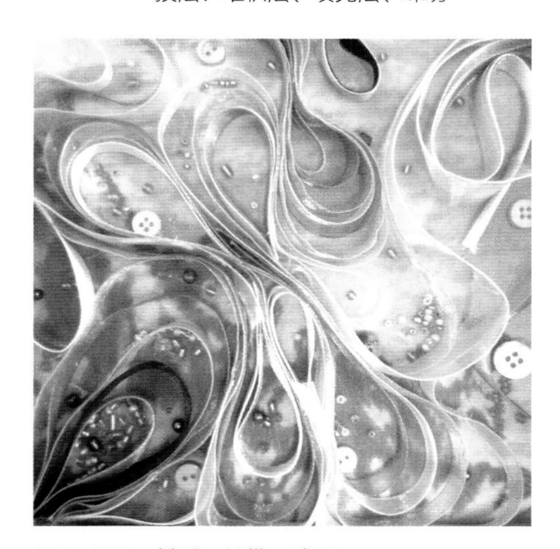

图 5-282　材质：丝带、珠子
技法：堆积法、珠绣

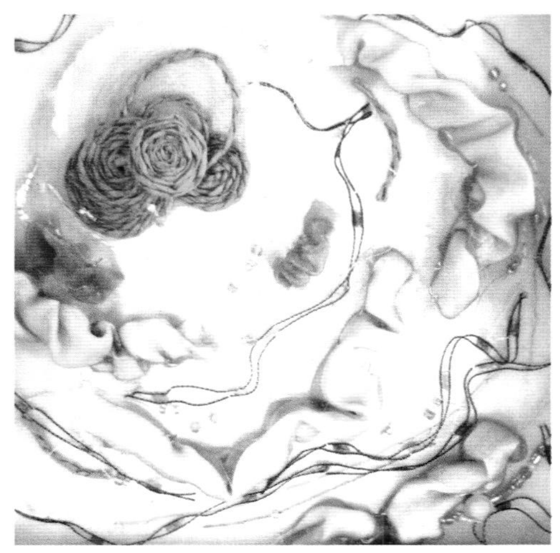

图 5-283　材质：网纱面料、毛线、珠子
技法：堆积法、珠绣

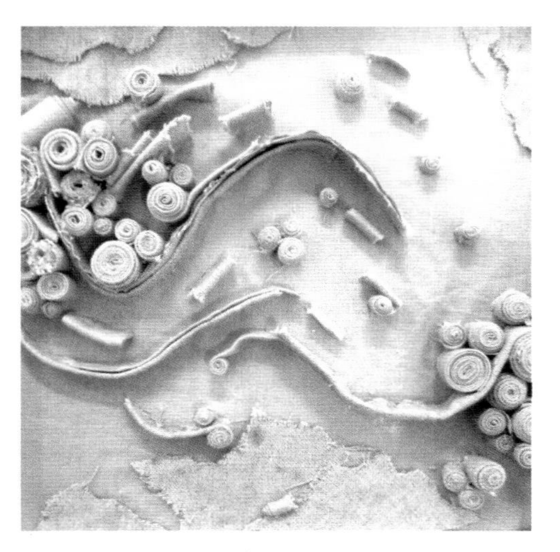

图 5-284　材质：麻布
技法：堆积法、贴花法

图 5-285 材质：丝带、网纱面料、珠子、线绳
技法：编织法、拱针绣、堆积法、珠绣

图 5-286 材质：网纱面料、丝带、珠子
技法：褶皱法、堆积法、珠绣

图 5-287 材质：棉布、毛边、珠子、羊毛毡球
技法：堆积法、珠绣

图 5-288 材质：网纱面料、丝带
技法：抽纱法、堆积法

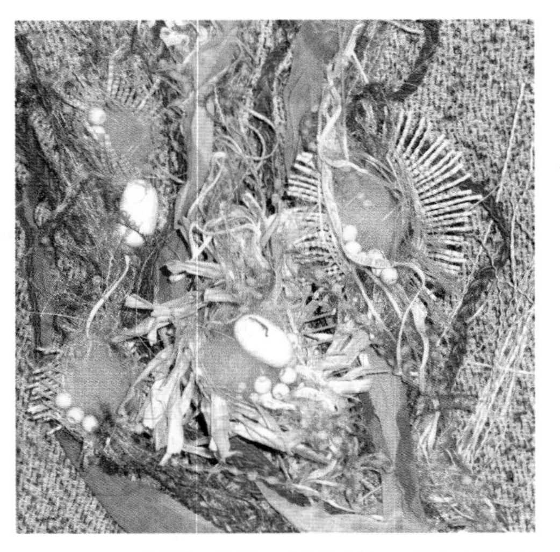

图 5-289 材质：线绳、网纱面料、珠子、蚕茧壳
技法：堆积法、珠绣、编织法

图 5-290 材质：各色棉布、蕾丝面料、毛线
技法：叠加法、拼接法

图 5-291 材质：丝带、羽毛、亮片
技法：堆积法、亮片绣

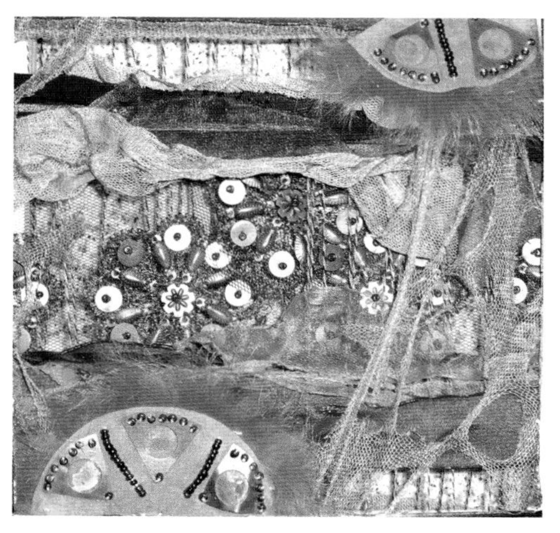

图 5-292 材质：网眼面料、毛边、珠子、亮片
技法：堆积法、拼接法、珠片叠绣、珠绣

图 5-293 材质：网眼面料、羊毛毡、珠子、亮片
技法：堆积法、珠绣、亮片绣、毛毡法

图 5-294 材质：麻线、纽扣、珠子
技法：编织法、堆积法、珠绣

图 5-295 材质：麻布、毛线
技法：抽纱法、拼接法

图 5-296 材质：网纱面料、珠子、工艺花蕊
技法：堆积法、珠绣

图 5-297　材质：网纱面料、填充棉、树叶、珠子
技法：填充法、堆积法、珠绣

图 5-298　材质：帆布、粗花呢面料、丝带
技法：镂空法、堆积法

图 5-299　材质：网纱面料、毛线、金属丝
技法：堆积法、编织法、贴线绣

图 5-300　材质：线绳、金属丝、金属环
技法：贴线绣、堆积法

图 5-301　材质：网纱面料、珠子
技法：堆积法、珠绣

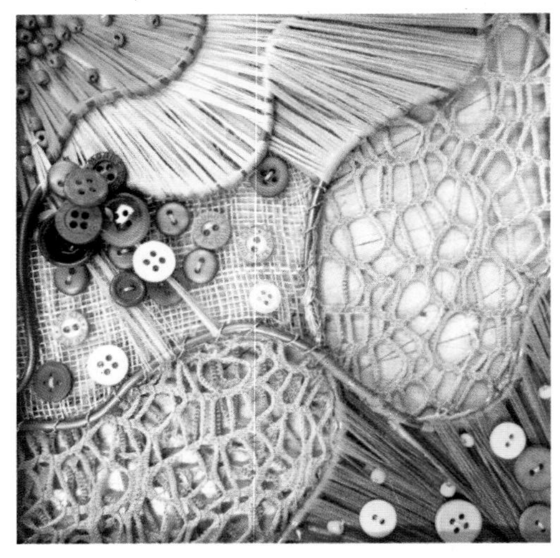

图 5-302　材质：网眼面料、毛线、珠子、纽扣、金属丝
技法：编织法、珠绣

图 5-303　材质：线绳、亮片、珠子
技法：锁链绣、拱针绣、珠片叠绣

图 5-304　材质：丝带、亮片、线绳
技法：堆积法、亮片绣、锁链绣

图 5-305　材质：网眼面料、丝带、亮片
技法：编织法、亮片绣、贴线绣、平绣

图 5-306　材质：棉线、珠子、亮片
技法：平绣、珠绣、亮片绣

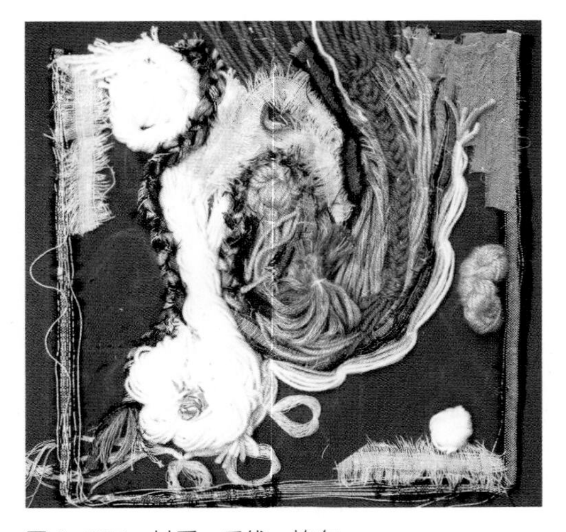

图 5-307　材质：毛线、棉布
技法：堆积法、抽纱法、编织法

图 5-308　材质：混纺面料、珠子、亮片
技法：堆积法、珠绣、亮片绣

图 5-309　材质：牛仔面料、蕾丝面料、工艺花蕊
技法：镂空法、抽纱法、堆积法

图 5-310　材质：毛线、棉布、花边、珠子、亮片
技法：贴线绣、褶皱法、珠片叠绣

图 5-311　材质：棉布、蕾丝面料、亮片
技法：贴花法、亮片绣

图 5-312　材质：毛毡面料、珠子、亮片
技法：堆积法、珠绣、亮片绣

图 5-313　材质：羽毛、皮革、铆钉、亮片、珠子、花边
技法：堆积法、亮片绣、珠绣

图 5-314　材质：棉布、纺织染料、珠子、亮片
技法：印染、珠绣、亮片绣

图 5-315　材质：毛边、纽扣、珠子
技法：堆积法、珠绣

图 5-316　材质：丝带、珠子、金属丝
技法：堆积法

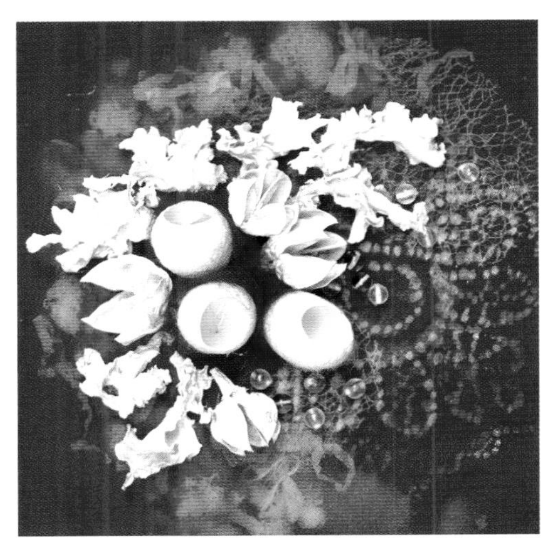

图 5-317　材质：羊毛毡、蚕茧壳、珠子
技法：堆积法、珠绣

图 5-318　材质：花边、亮片
技法：贴花法、亮片绣

图 5-319　材质：TPU 面料、亮片、珠子
技法：堆积法、珠片叠绣

图 5-320　材质：网纱面料、泡沫球、亮片
技法：亮片绣、叠加法

图 5-321　材质：线绳、丝带、珠子
技法：贴线绣、珠绣、丝带绣

图 5-322　材质：棉布、毛线
技法：编织法、堆积法

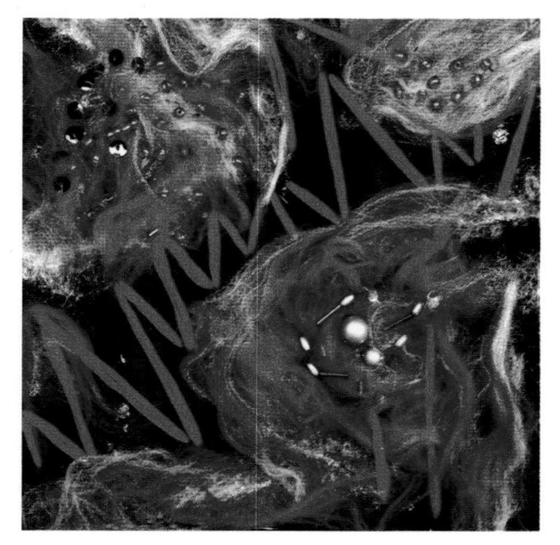

图 5-323　材质：羊毛毡、毛线、珠子
技法：毛毡法、珠绣

图 5-324　材质：针织面料、羊毛毡、珠子、亮片
技法：珠绣、亮片绣、毛毡法

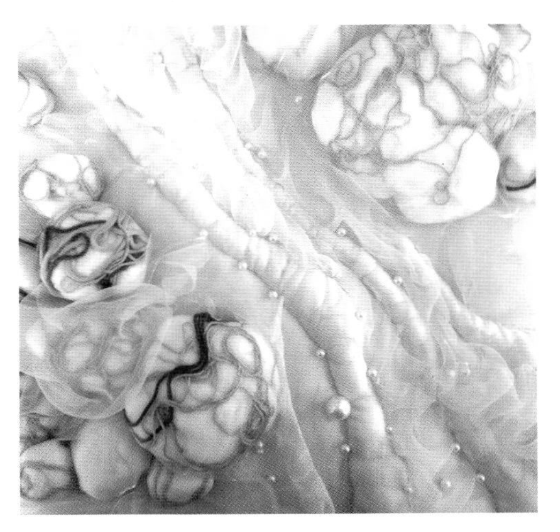

图 5-325　材质：网纱面料、填充棉、毛线、珠子
技法：填充法、堆积法、珠绣

图 5-326　材质：皮革、网纱面料、珠子、亮片
技法：剪切法、堆积法、珠绣、亮片绣

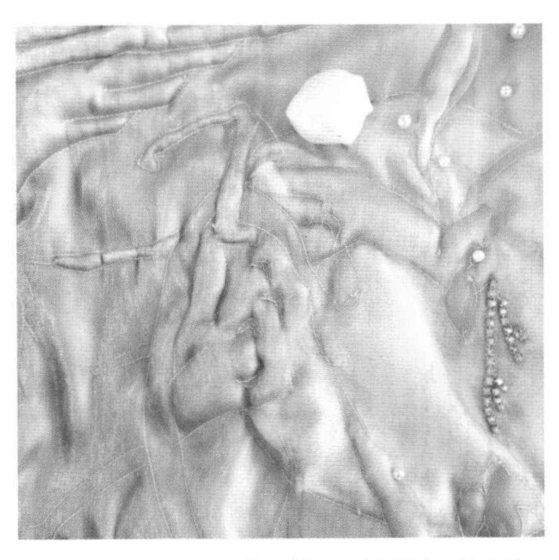

图 5-327　材质：印花面料、网纱面料、填充棉、珠子
技法：填充法、珠绣、绗缝法

图 5-328　材质：丝光面料
技法：褶皱法

图 5-329　材质：花边、网眼面料、皮革、珠子
技法：拼接法、珠绣

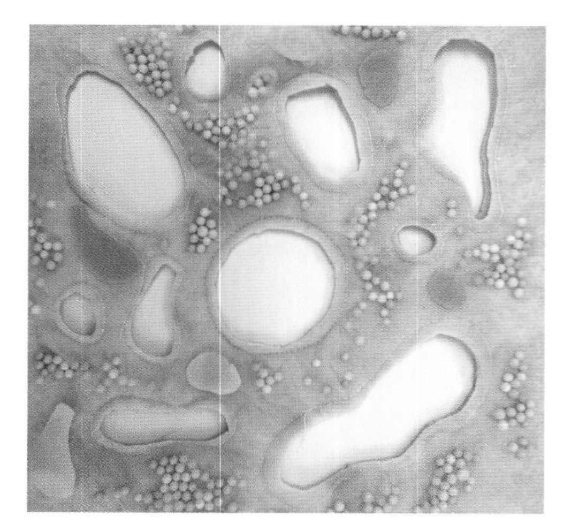

图 5-330　材质：毛毡布、网眼面料、珠子
技法：镂空法、填充法、绗缝法

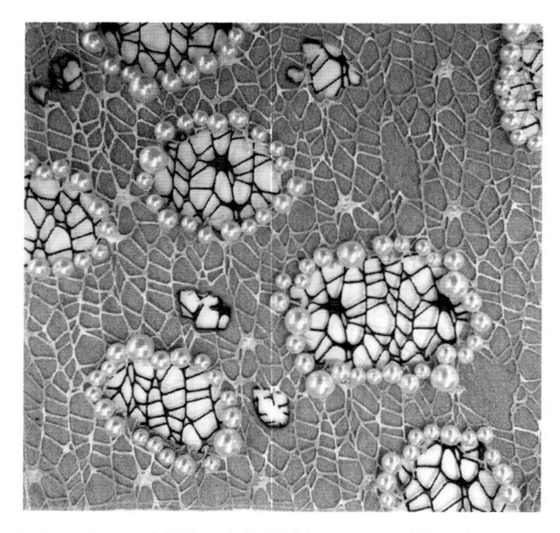

图 5-331　材质：牛仔面料、网眼面料、珠子
技法：镂空法、珠绣

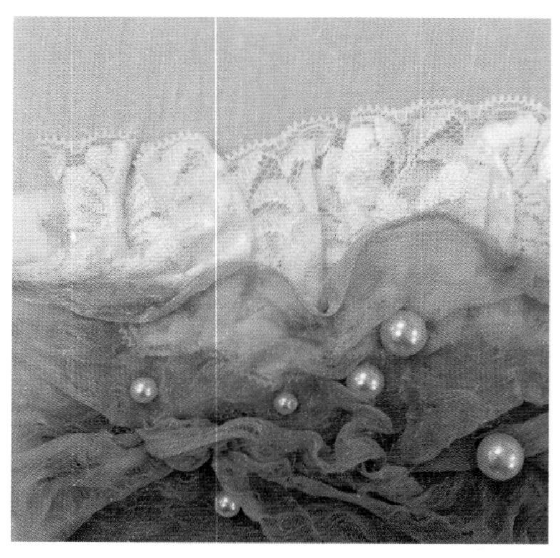

图 5-332　材质：网纱面料、蕾丝、珠子
技法：褶皱法、珠绣

图 5-333　材质：网纱面料、棉布、珠子
技法：堆积法、珠绣

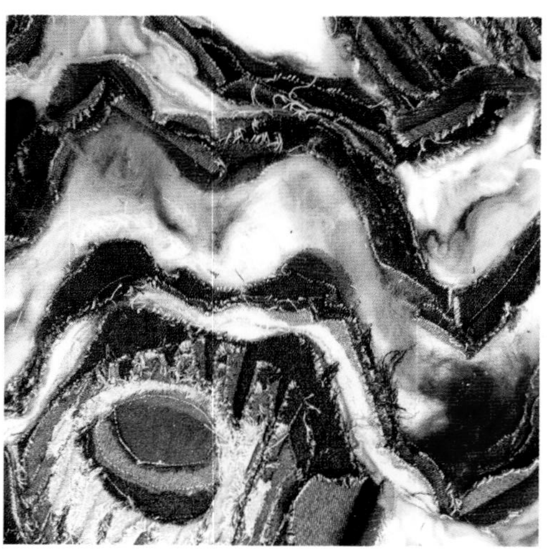

图 5-334　材质：牛仔面料、羊毛毡
技法：叠加法、绗缝法、毛毡法

图 5-335　材质：网纱面料
技法：拼接法、剪切法、绗缝法

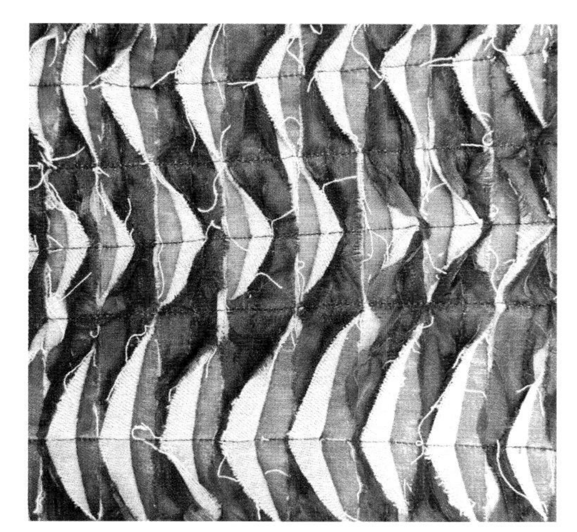

图 5-336　材质：牛仔面料
技法：褶皱法、剪切法

图 5-337　材质：棉布、珠子
技法：叠加法、珠绣、绗缝法

图 5-339　材质：纽扣
技法：堆积法

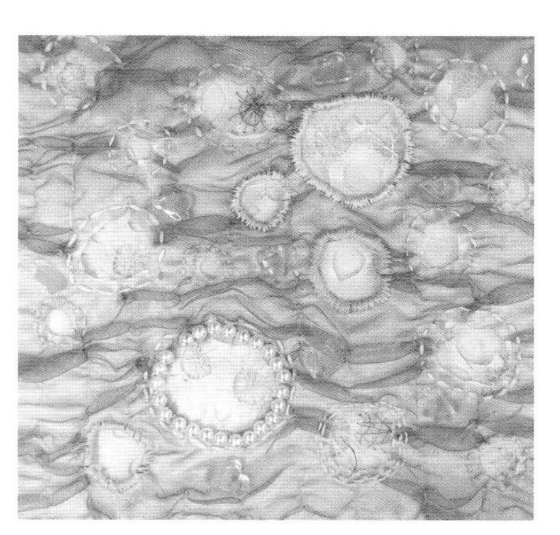

图 5-338　材质：网纱面料、珠子、毛线
技法：镂空法、平绣、拱针绣、珠绣

图 5-340　材质：螺钿片
技法：贴花法

图 5-341　材质：网纱、纽扣、亮片、填充棉
技法：填充法、堆积法

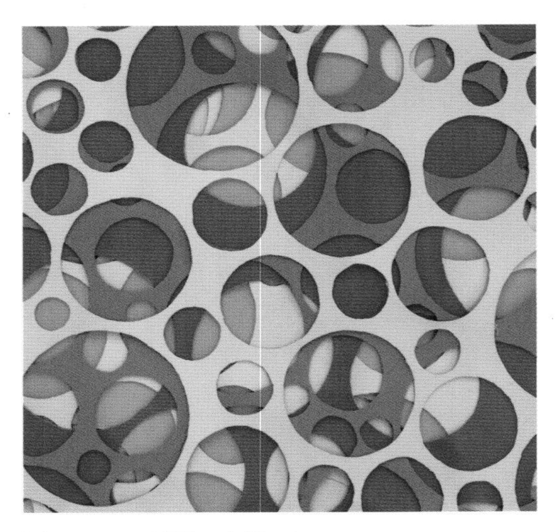

图 5-342　材质：皮革
技法：镂空法、叠加法

图 5-343　材质：网眼面料、网纱面料、珠子
技法：堆积法、珠绣

图 5-344　材质：网纱面料、花边、羊毛毡、珠子
技法：编织法、珠绣

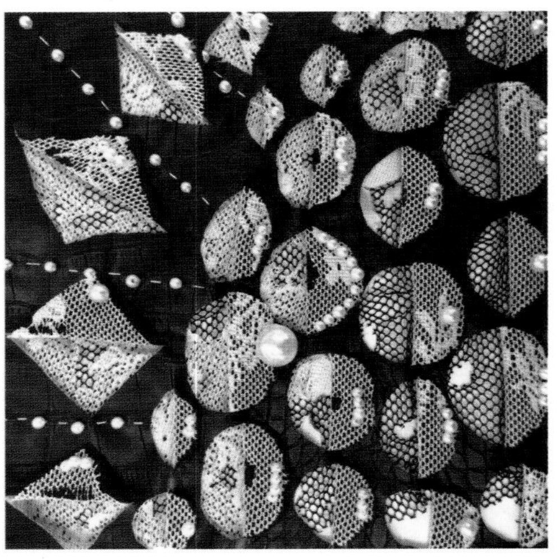

图 5-345　材质：皮革、网眼面料、珠子
技法：镂空法、珠绣

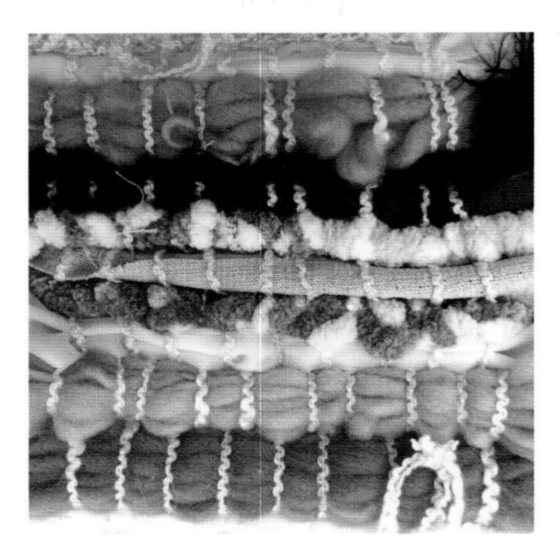

图 5-346　材质：毛线、羊毛毡
技法：编织法

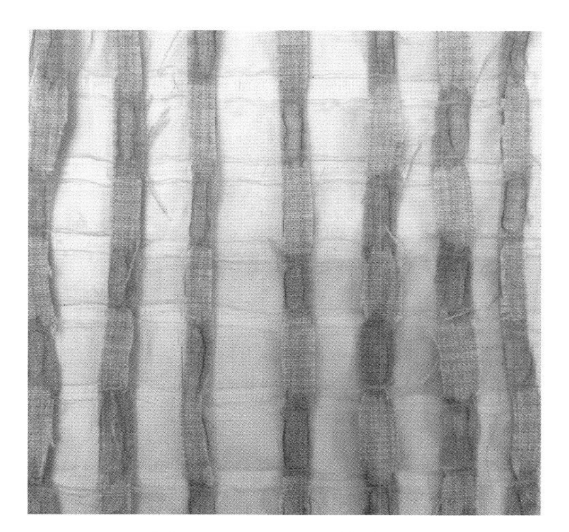

图 5-347　材质：网纱面料、棉布
技法：编织法、抽纱法

图 5-348　材质：牛仔面料
技法：镂空法、绗缝法

图 5-349　材质：麻布
技法：剪切法

图 5-350　材质：丝缎面料
技法：绗缝法

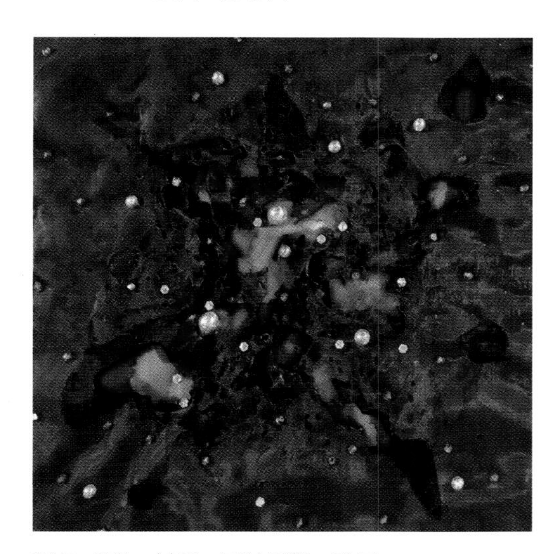

图 5-351　材质：网纱面料、珠子
技法：烧烫法、叠加法、堆积法、珠绣

图 5-352　材质：网眼面料、羊毛毡、珠子、填充棉
技法：填充法、珠绣、毛毡法

图 5-353　材质：麻布、网纱面料、珠子
技法：抽纱法、褶皱法、珠绣

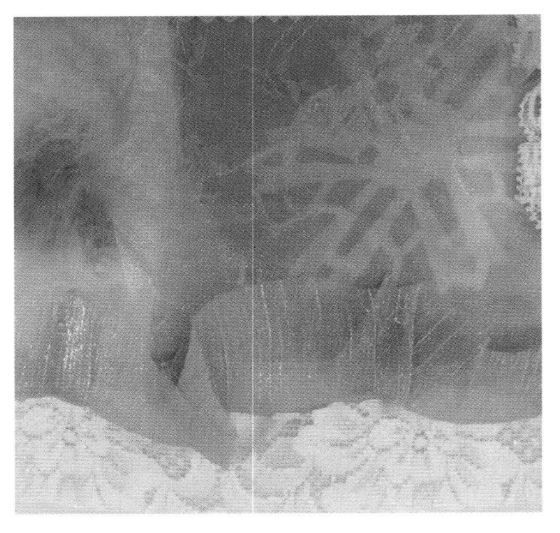

图 5-354　材质：网纱面料、蕾丝
技法：拼接法

图 5-355　材质：褶皱面料
技法：叠加法、镂空法

图 5-356　材质：棉布、蕾丝
技法：拼接法

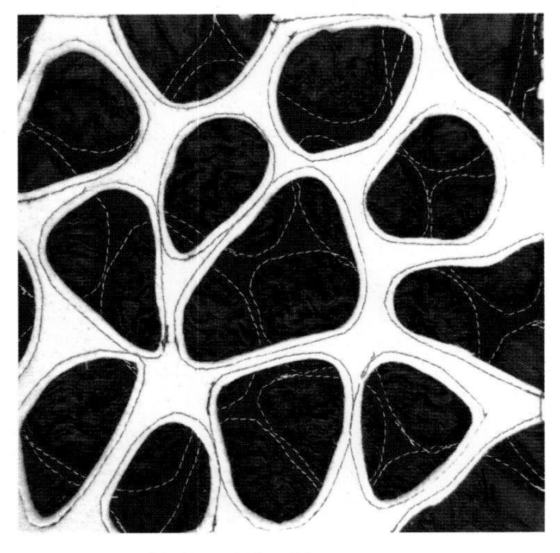

图 5-357　材质：毛毡面料
技法：绗缝法、叠加法、镂空法

图 5-358　材质：网纱面料
技法：镂空法、叠加法

图 5-359　材质：牛仔面料
技法：编织法、抽纱法

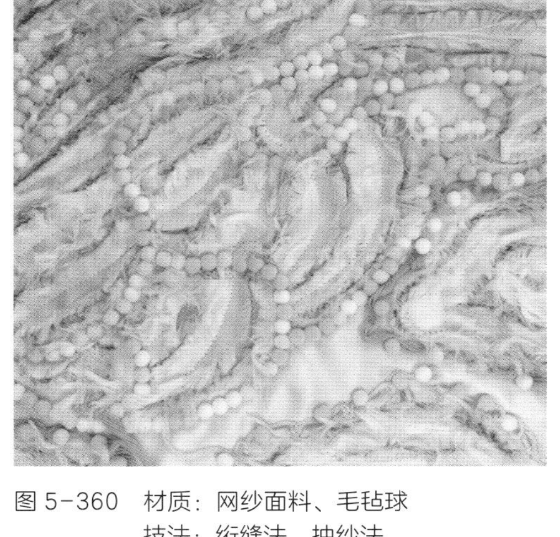

图 5-360　材质：网纱面料、毛毡球
技法：绗缝法、抽纱法

图 5-361　材质：提花面料、网纱面料、棉布
技法：叠加法

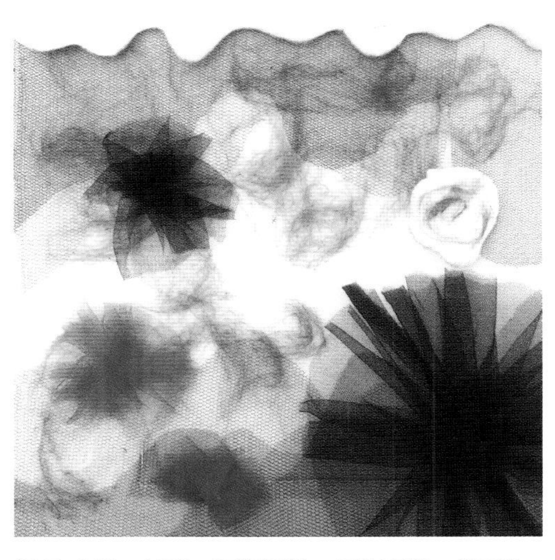

图 5-362　材质：网眼面料、毛毡面料、羊毛毡
技法：褶皱法、毛毡法

图 5-363　材质：网眼面料、毛毡面料、羊毛毡
技法：剪切法、编织法

图 5-364　材质：皮革、网眼面料、毛线、珠子
技法：镂空法、拼接法、珠绣

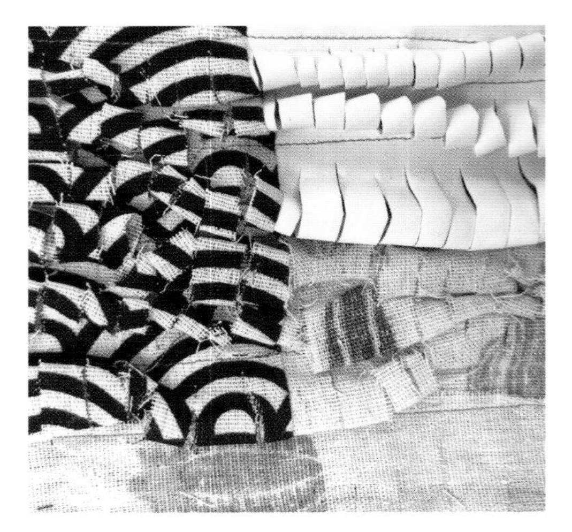

图 5-365　材质：棉布、皮革
技法：剪切法、拼接法

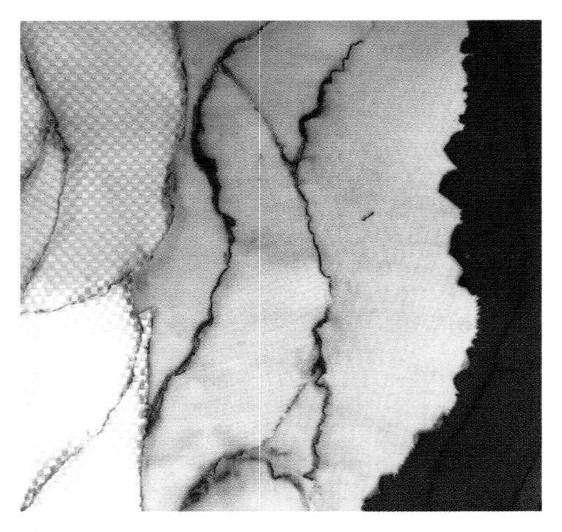

图 5-366　材质：提花面料、棉布
技法：烧烫法、叠加法

图 5-367　材质：提花面料
技法：褶皱法

图 5-368　材质：皮革、网纱面料、珠子
技法：褶皱法、珠绣、堆积法

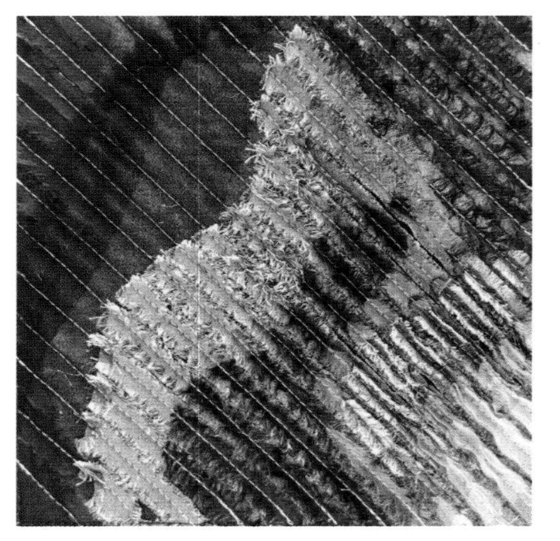

图 5-369　材质：牛仔面料
技法：绗缝法、抽纱法

图 5-370　材质：羊毛毡、牛仔面料
技法：编织法、堆积法

图 5-371　材质：毛呢面料、棉线、珠子、亮片
技法：镂空法、锁链绣、珠绣、亮片绣

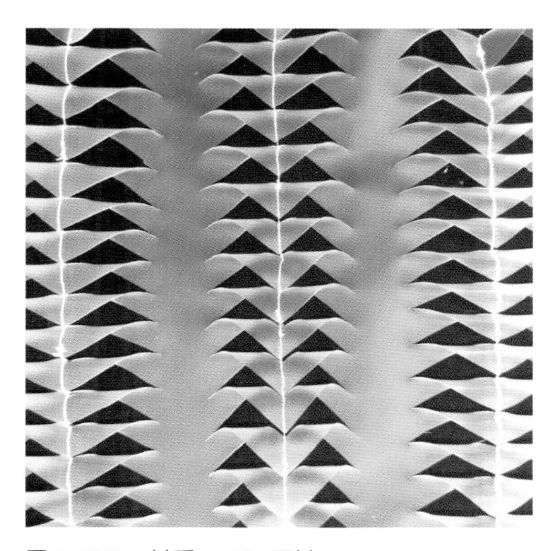

图 5-372　材质：TPU 面料
技法：剪切法

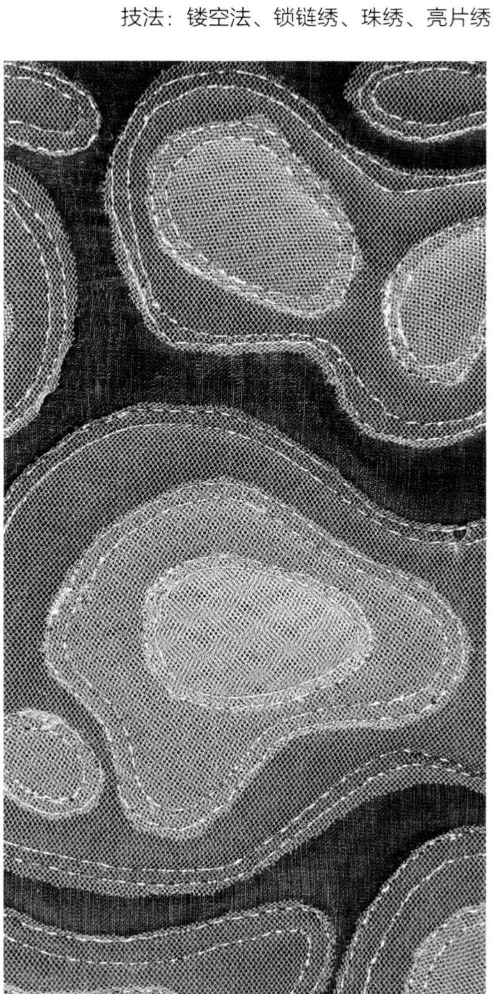

图 5-373　材质：网纱面料
技法：绗缝法、叠加法

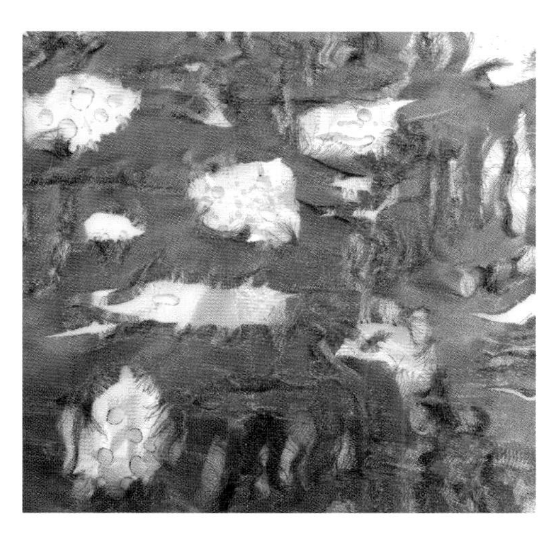

图 5-374　材质：丝缎面料、反光面料
技法：镂空法、抽纱法

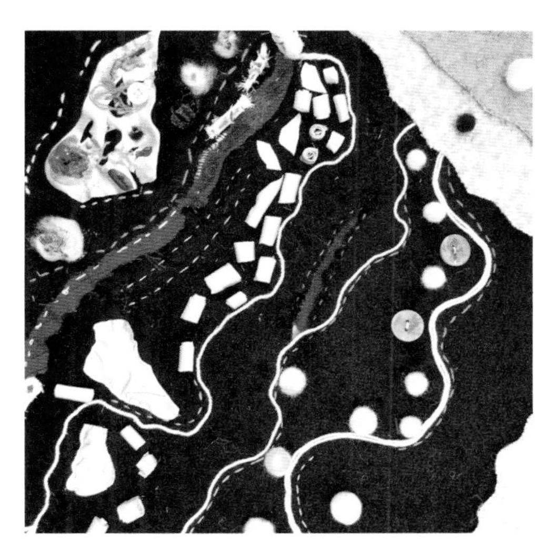

图 5-375　材质：毛呢面料、反光面料、纽扣
技法：拼接法、拱针绣、镂空法

图 5-376　材质：麻布、丝带
技法：抽纱法、拱针绣

图 5-377　材质：棉布
技法：叠加法、剪切法

图 5-378　材质：牛仔面料、花边
技法：剪切法、褶皱法、编织法

图 5-379　材质：各种材质面料
技法：贴花法

图 5-380　材质：棉布、花边
技法：编织法

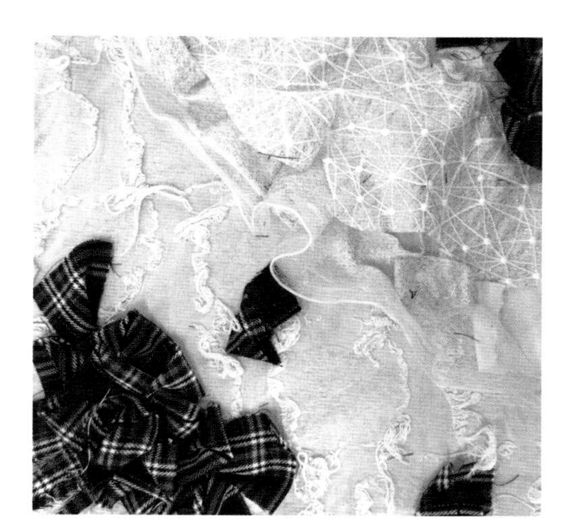

图 5-381　材质：各种材质面料
技法：褶皱法

图 5-382　材质：棉布
技法：绗缝法、抽纱法

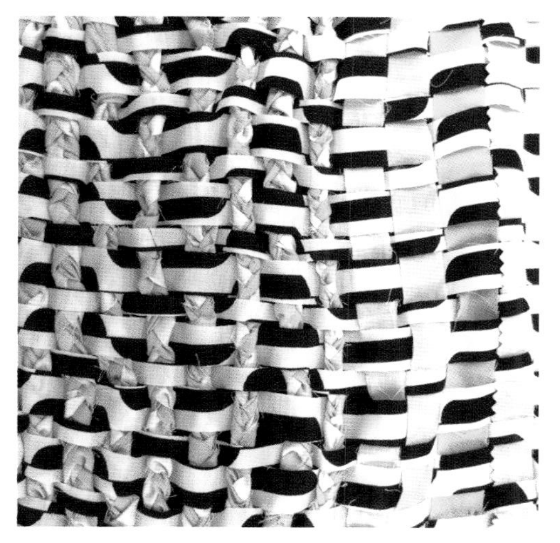

图 5-383　材质：棉布
技法：编织法

图 5-384　材质：棉布、网纱面料
技法：叠加法

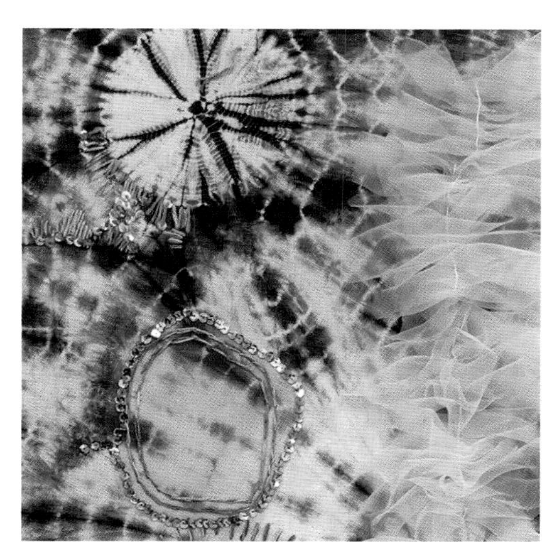

图 5-385　材质：棉布、染料、网纱面料、亮片
技法：扎染、褶皱法、亮片绣

图 5-386　材质：牛仔面料
技法：绗缝法、叠加法

图 5-387　材质：各种材质面料、珠子、金属链
技法：褶皱法、叠加法、珠绣

图 5-388　材质：棉布、网纱面料、金属链、别针、珠子
技法：褶皱法、拼接法、珠绣

图 5-389　材质：牛仔面料、填充棉、珠子
技法：绗缝法、堆积法、珠绣

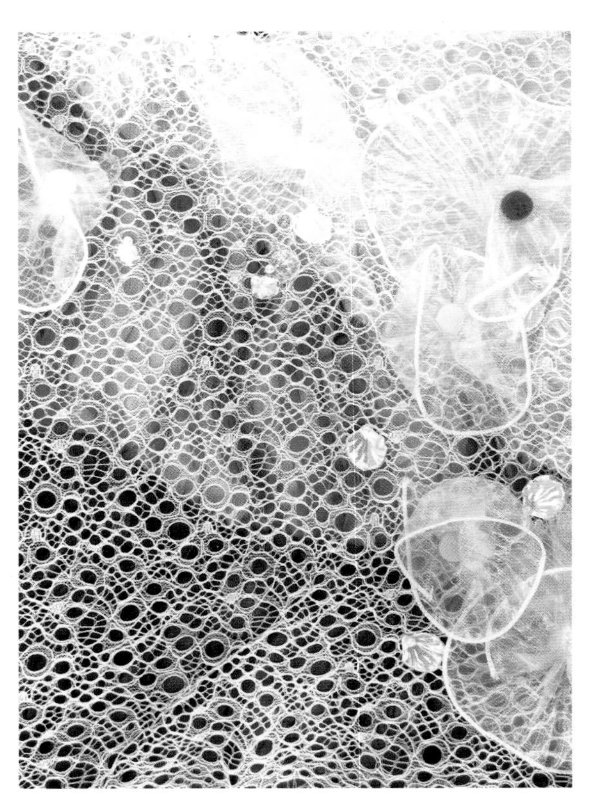

图 5-390　材质：网眼面料、花边、亮片
技法：亮片绣、褶皱法

图 5-391　材质：各种材质面料
技法：烧烫法、褶皱法

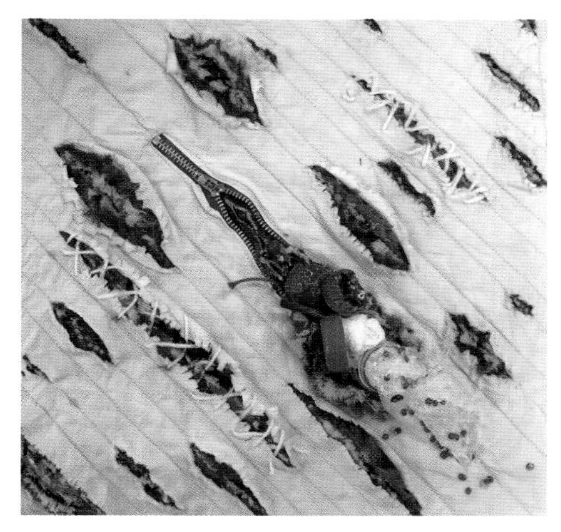

图 5-392　材质：棉布、拉链
技法：剪切法、绗缝法、堆积法

图 5-393　材质：牛仔面料、毛线
技法：编织法、拱针绣、抽纱法

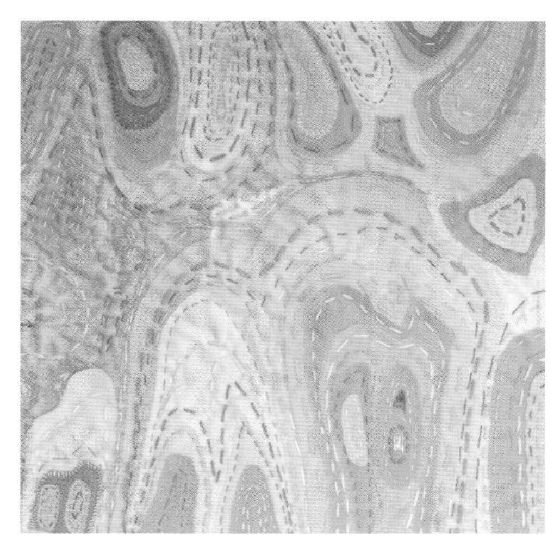

图 5-394　材质：棉布、毛线
技法：叠加法、拱针绣

图 5-395　材质：棉布
技法：叠加法、烧烫法

图 5-396　材质：牛仔面料、珠子
技法：编织法、珠绣

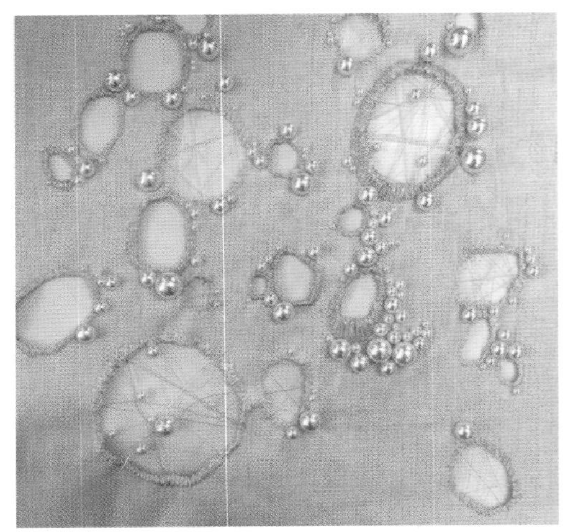

图 5-397　材质：毛呢面料、珠子、银线、棉线
技法：镂空法、平绣、珠绣

图 5-398　材质：牛仔面料、棉布、棉线
技法：拱针绣、剪切法、抽纱法

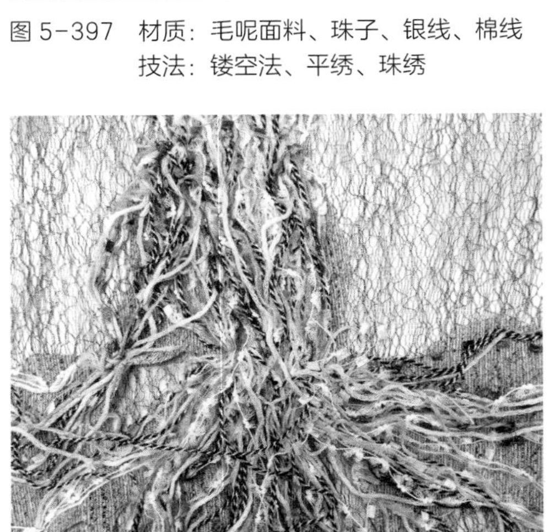

图 5-399　材质：网眼面料、毛线
技法：堆积法

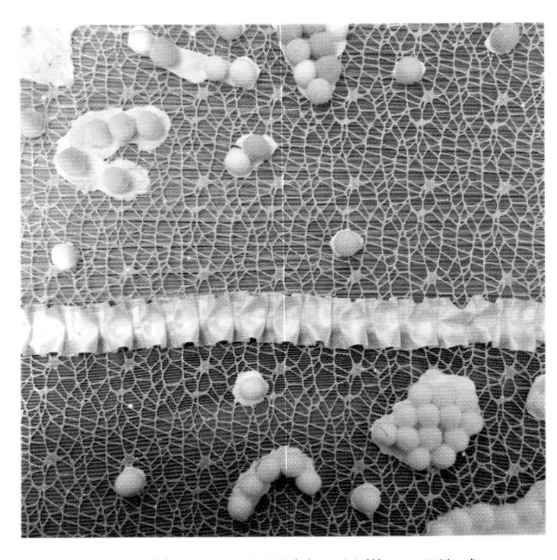

图 5-400　材质：网眼面料、丝带、毛毡球
技法：堆积法、褶皱法

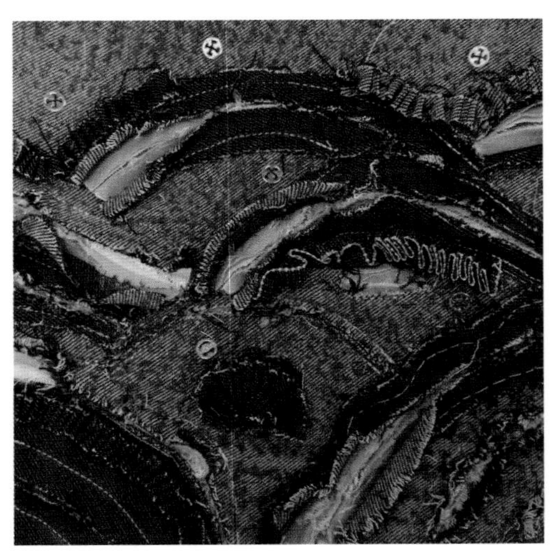

图 5-401　材质：牛仔面料
技法：叠加法、褶皱法

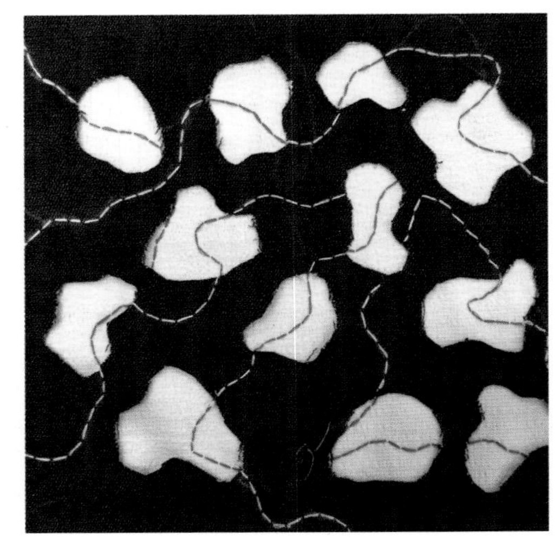

图 5-402　材质：牛仔面料、棉线
技法：镂空法、拱针绣

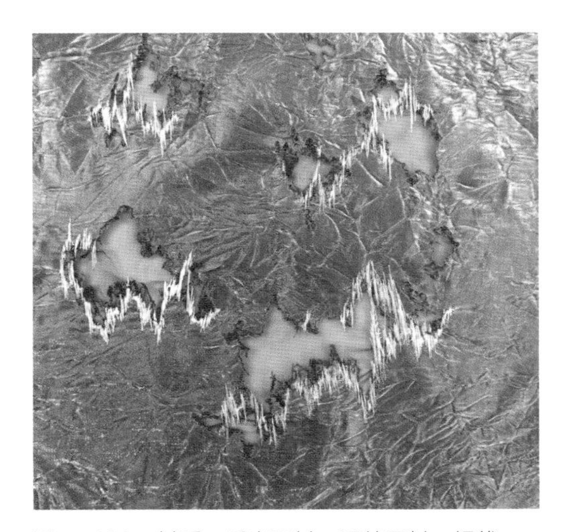

图 5-403 材质：反光面料、网纱面料、银线
技法：镂空法、长短绣

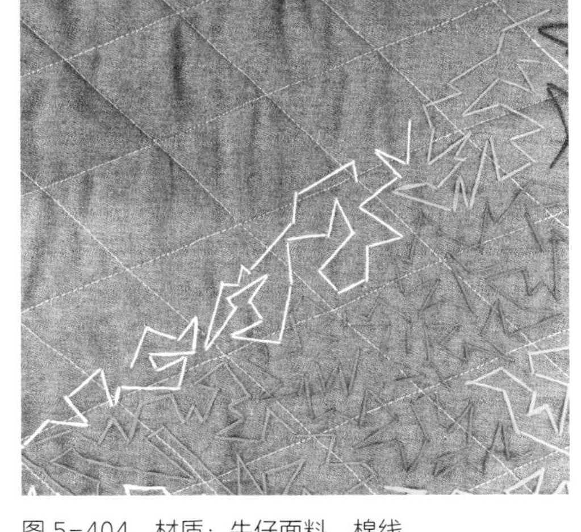

图 5-404 材质：牛仔面料、棉线
技法：绗缝法、拱针绣

图 5-405 材质：棉布
技法：绗缝法、叠加法、剪切法

图 5-406 材质：毛呢面料、网纱面料
技法：褶皱法

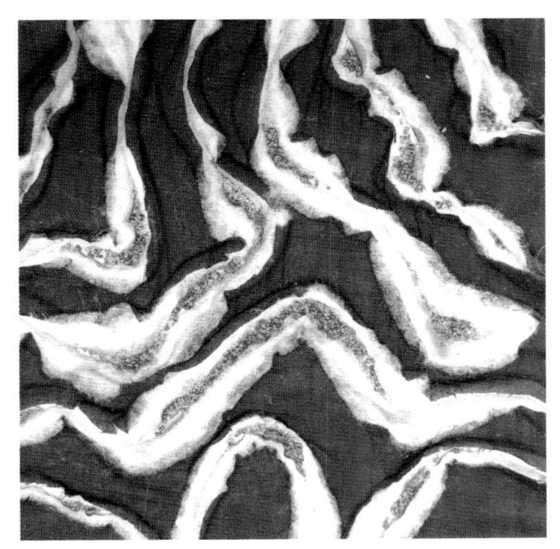

图 5-407 材质：棉布、填充棉、珠子
技法：填充法、剪切法、珠绣

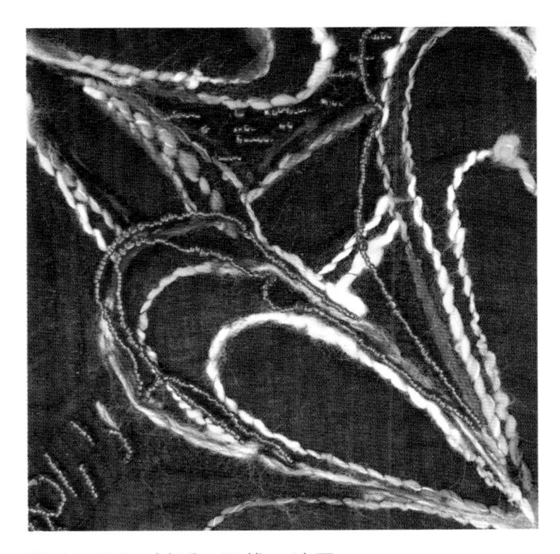

图 5-408 材质：毛线、珠子
技法：贴线绣、珠绣

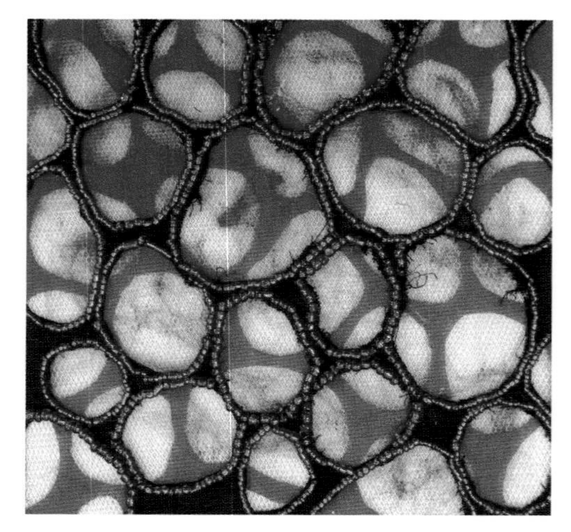

图 5-409　材质：棉布、珠子
技法：镂空法、叠加法、珠绣

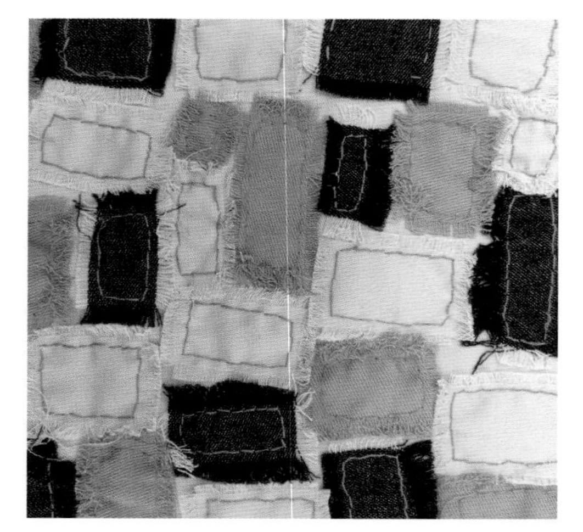

图 5-410　材质：牛仔面料、棉线
技法：抽纱法、贴花法、回针绣、拱针绣

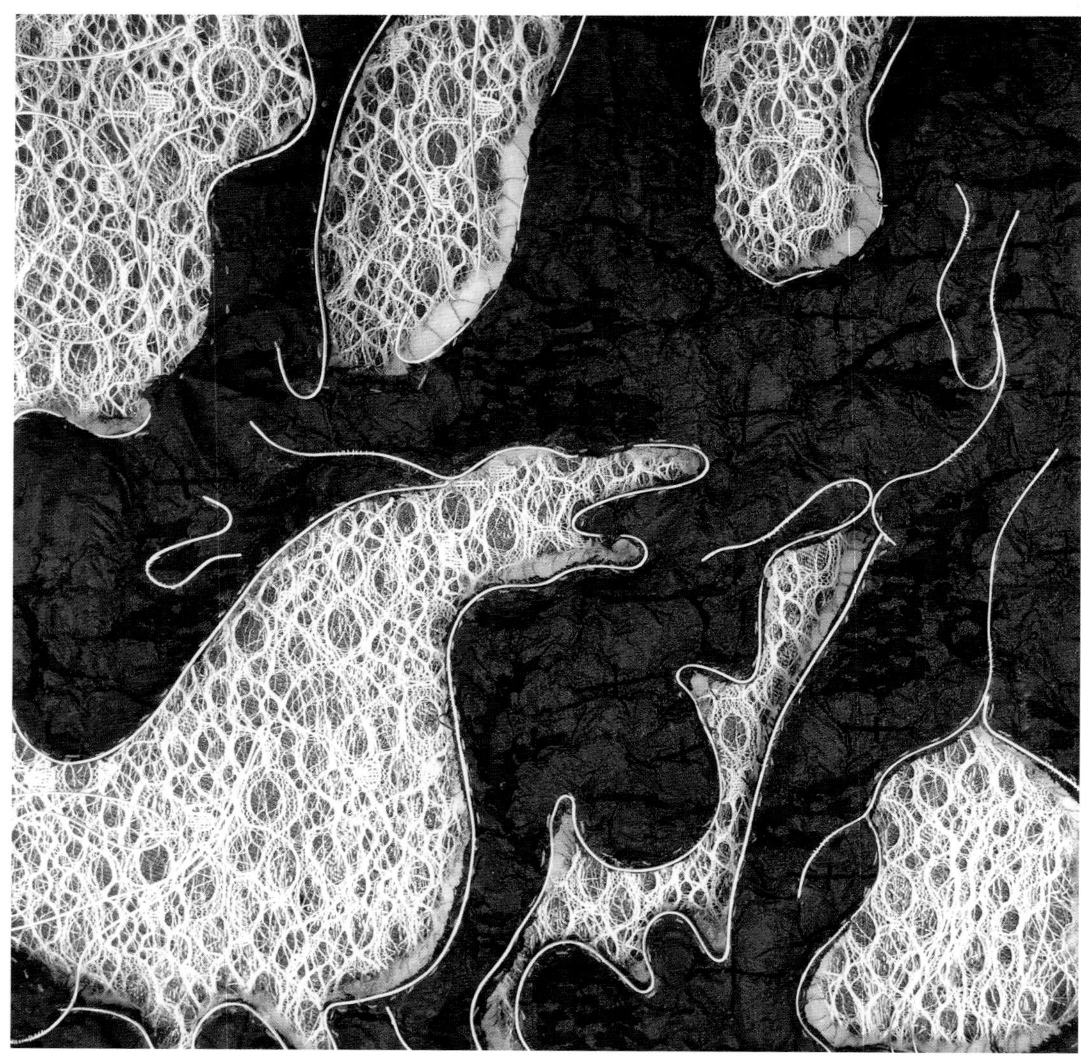

图 5-411　材质：褶皱面料、蕾丝面料、铁丝
技法：镂空法、贴线绣

图 5-412　材质：牛仔面料
技法：叠加法、抽纱法、绗缝法

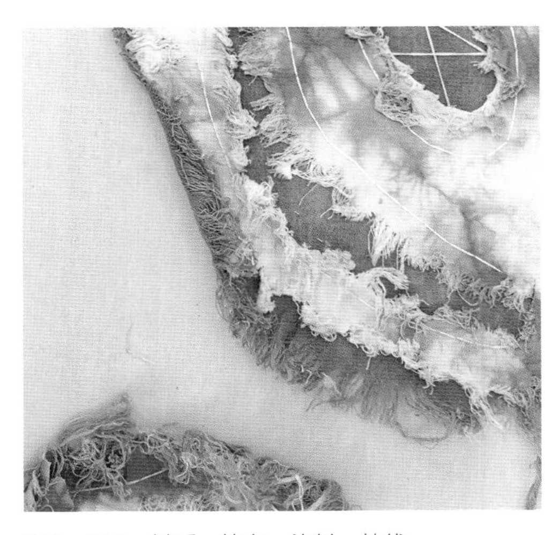

图 5-413　材质：棉布、染料、棉线
技法：扎染、叠加法、拱针绣、抽纱法

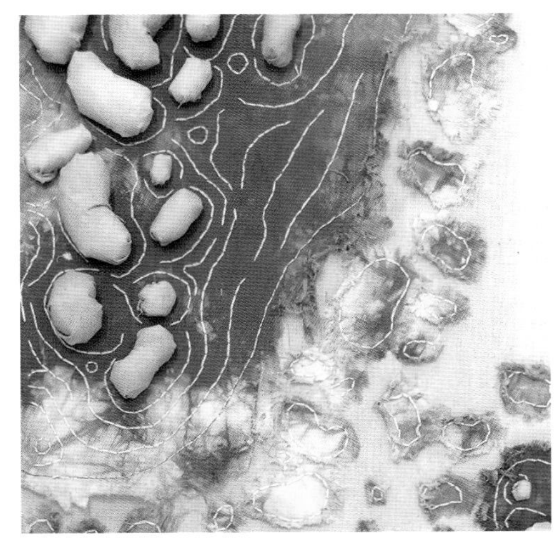

图 5-414　材质：棉布、染料、填充棉、棉线
技法：扎染、抽纱法、拱针绣、填充法

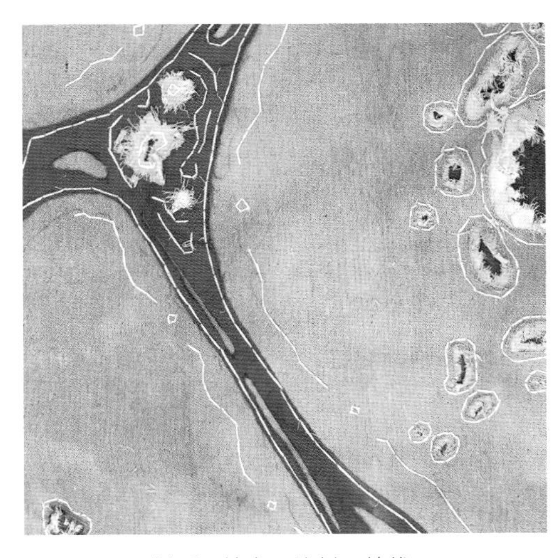

图 5-415　材质：棉布、染料、棉线
技法：扎染、镂空法、抽纱法、拱针绣

图 5-416　材质：棉布、染料、棉线
技法：扎染、回针绣、乱针绣

图 5-417　材质：棉布、染料、棉线
技法：扎染、回针绣、乱针绣

图 5-418 材质：棉布、染料、棉线
技法：扎染、回针绣、乱针绣、烧烫法

图 5-419 材质：棉布、网纱面料、金属圈
技法：绗缝法、剪切法、叠加法

图 5-420 材质：棉布、染料、棉线
技法：扎染、拱针绣、抽纱法

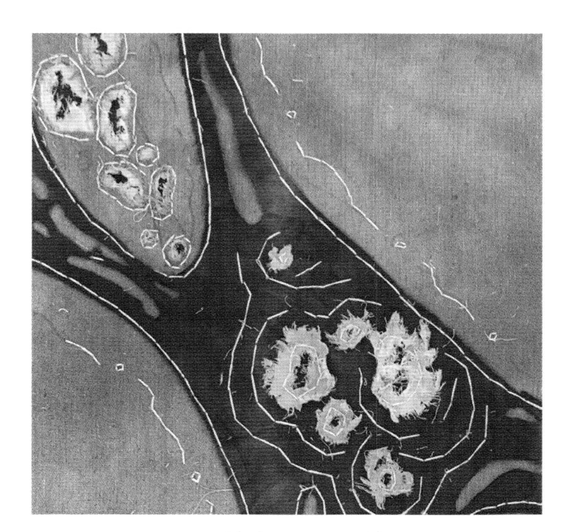

图 5-421　材质：棉布、染料、棉线
技法：扎染、拱针绣、抽纱法

图 5-422　材质：毛毡面料、网纱面料、花边、棉布
技法：剪切法、拼接法、褶皱法

图 5-423　材质：网眼面料、网纱面料、牛仔
技法：拼接法、镂空法、贴花法

图 5-424　材质：棉布、网纱面料、金属环
技法：拼接法、堆积法、褶皱法

图 5-425　材质：棉布、花边
技法：编织法、剪切法、拼接法

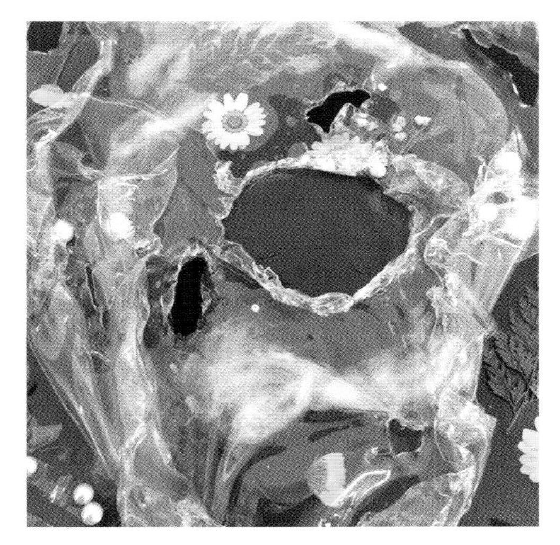

图 5-426　材质：TPU 面料、干花
技法：烧烫法、褶皱法

参考文献

[1] 张翠，吴珍霞 . 刺绣针法大全 . 沈阳：辽宁科学技术出版社，2010.
[2] 朱远胜 . 面料与服装设计 . 北京：中国纺织出版社，2008.
[3] 王庆珍 . 纺织品设计的面料再造 . 重庆：西南师范大学出版社，2007.
[4] COLLEZIONI[J]，第 106 卷 ~ 第 146 卷 .
[5] BOOK MODA[J]，第 3 卷 ~ 第 111 卷 .